U0338204

无源探测导论

An Introduction to Passive Radar

[英] 休·D·格里菲斯(Hugh D. Griffiths)
克里斯托弗·J·贝克(Christopher J. Baker) 著
兰 竹 王小斌 译
胡来招 审校

国防工业出版社
·北京·

著作权合同登记　图字：军－2018－58号

图书在版编目(CIP)数据

无源探测导论／(英)休·D·格里菲斯(Hugh D. Griffiths)，(英)克里斯托弗·J·贝克(Christopher J. Baker)著；兰竹，王小斌译. —北京：国防工业出版社，2019.8

书名原文：An Introduction to Passive Radar

ISBN 978－7－118－11826－1

Ⅰ. ①无… Ⅱ. ①休… ②克… ③兰… ④王… Ⅲ. ①无源定位－研究 Ⅳ. ①TN971

中国版本图书馆CIP数据核字(2019)第158211号

※

国防工业出版社出版发行
(北京市海淀区紫竹院南路23号　邮政编码100048)
三河市腾飞印务有限公司印刷
新华书店经售

*

开本 710×1000　1/16　印张 11　字数 150千字
2019年8月第1版第1次印刷　印数 1—2000册　定价 76.00元

(本书如有印装错误，我社负责调换)

国防书店：(010)88540777　　发行邮购：(010)88540776
发行传真：(010)88540755　　发行业务：(010)88540717

译者序

经过几十年的发展，无源探测技术展示出了其愈加迷人的一面。架构简单、成本低廉的无源探测系统正在变得更加成熟并应用到广泛的领域，种类丰富的照射源为无源探测技术的发展提供了更好的支持，越来越严重的频谱拥挤和冲突问题也让无源探测比有源雷达有了更大的用武之地。

本书力图用深入浅出的文字介绍无源探测系统的基本原理、关键技术和相关应用情况，用大量实例具体分析和探讨了无源探测系统的参数设计理论和实际测试结果，是关注电子战技术发展的爱好者、刚刚进入电子战行业的从业人员、电子战教官和高等院校相关专业学生的一本重要参考资料。

本书由兰竹和王小斌翻译，胡来招博士对全书内容进行了审校，常晋聃高工在校对过程中提出了许多宝贵的意见和建议。本书的作者之一格里菲斯教授专门为本书的中译版写了序言。在本书的翻译和出版过程中，得到了中国电子科技集团公司第二十九研究所和电子信息控制重点实验室相关领导的关心和支持，国防工业出版社的编辑对本书的出版工作也提供了关心和帮助，在此一并表示衷心的感谢。

在本书翻译过程中，我们领略到了无源探测技术的博大精深和多彩魅力，深感自己的专业知识有限，学有涯而知无涯。虽然我们花费了相当大的努力尽量保持原著的专业和严谨，但因译者水平有限，书中难免出现纰漏之处，敬请广大同行和读者批评指正。

译 者
于电子信息控制重点实验室
2019 年 3 月

中译版序言

我很高兴也很荣幸能被邀请为这本书的中文版作序。

我很幸运在我的大部分职业生涯中一直从事无源探测技术的研究，我亲眼见证它从一种实验性的探索发展到军用和民用实践中。我在20世纪80年代初进行了无源探测的第一次实验，尽管非常粗糙但孕育了关于这个方向的第一篇论文。然而正如概述中所指出的，无源探测的历史可以追溯到雷达发展的最早期，因为当时唯一容易获得的信号是广播发射机发出的信号。该章节还介绍了一些经典的实验和结果。

本书第2章介绍了双基地雷达的特性，其中许多都与双基地几何构型相关，即发射机、接收机和目标的相对位置。该章还推导了双基地雷达方程，分析了目标和杂波的双基地雷达截面积。第3章介绍了可用于无源探测的各种信号的特性。这类信号样式繁多，而且数字调制比模拟调制更受欢迎。因为数字调制波形的模糊函数特性不依赖于所传输的节目内容，也不随时间的变化而变化。同时其俯仰方向的覆盖有利于对空中目标的探测和跟踪。第4章讨论了无源探测接收机直达波信号的抑制问题。这种信号的电平可能比噪声电平高100dB以上，因此对无源探测接收机的动态范围要求非常严格。第5章将以上所有这些因素结合在一起，研究了以实际参数预测无源探测系统的性能时如何将正确的值代入探测方程，以及其中相关假设和近似对性能的影响。第6章介绍了无源探测的检测和目标跟踪问题。每组双基地对可以提供的信息包括双基地距离、多普勒频移和到达角，将这些参数组合以提供多个目标的可靠轨迹并非易事。第7章给出了一系列实用的无源探测系统的例子，依次涵盖了第3章中介绍的所有照射源类型。目前无源探测领域出现了一些令人兴奋的新应用，最后一章对此进行了描述。例如,电磁频谱的日益拥塞意味着利用现有发射资源的无源探测系统越来越具有吸引力,因此它也被称为“绿色雷达”。这表明可以对广播或通信信号进行设计,这些信号既针对其本来用途进行优化,也针对无源探测功能进行优化——这种想法被称为“共生雷达”。无源探测也可用于老人看护,通过远程监控的方式提供一种简单的跌倒检测和定位方法,这对于那些独居或在养老院的老人来说至关重要。与视频监控相比,基于无源探测的监控技术具有不侵犯隐私和不依赖特定照明条件的优势,这更适用于浴室监控等场景,因为在那里滑倒或跌倒的可能性更高。

此外,我对我的合著者克里斯托弗表示衷心的感谢。30 多年来,我与克里斯托弗在许多不同的研究课题和项目上进行了合作,他是一位杰出的工程师,也是一位亲密的朋友。

我还注意到有一群工程师和科学家也致力于无源探测技术的研究,他们在期刊上发表研究成果并在会议上作报告,越来越多的中国研究人员在这方面发挥了重要作用。这个学科能够发展得如此迅猛,要归功于这个团体每一位成员的努力。

最后,我要感谢把本书翻译成中文的译者。我确信这样的翻译是一项重大的工作,希望我们的原书条理清楚,易于翻译。

希望你们会喜欢阅读这本书,也希望这本书对你们的工作有所裨益,祝你们好运!

休·D. 格里菲斯

于伦敦大学学院

序　　言

无源探测系统工作时不需要辐射任何电磁能量，它侦听现实中已经存在的照射源，通过感应运动目标引起的电磁场微弱扰动来检测并跟踪目标，甚至能够实现对目标的成像。这个概念并不算新，早在1934年，Robert Watson Watt就做了著名的Daventry实验，证明通过商用的短波发射机可以发现远距离的轰炸机，实验中的最远探测距离达到了8英里（1英里≈1.609km）。几年后，德国工程师建造了第一个实用的无源探测系统，将其命名为“克莱因海德堡”（Klein Heidelberg）。在第二次世界大战期间，该装置利用英国的“本土链”雷达作为照射源能够发现英国皇家空军执行任务的轰炸机。

尽管无源探测的技术原理广为人知，但受限于当时较为落后的模拟信号处理体制，无法实现所需要的实时处理，因此无源探测的想法被尘封了几十年。

20世纪70年代以来，数字信号处理技术的迅速发展使得无源探测理论的实现成为可能。英国、德国、意大利、法国、波兰、中国、伊朗、俄罗斯等国家相继开展了相关研究。特别是90年代以洛克希德·马丁公司为代表的美国企业相继研制出该项技术的一系列演示系统，称为“寂静哨兵”Ⅰ、“寂静哨兵”Ⅱ和“寂静哨兵”Ⅲ。

有关无源探测系统的研究工作是在1982年由伦敦大学学院（UCL）的Griffiths教授开创的，随后他把研究工作拓展到了利用商用电台作为外辐射源。1986年，他发表了首篇关于利用超高频（UHF）模拟电视信号作为照射源的无源探测系统的论文。

Griffiths教授于1989年开始与Baker教授合作，研究利用包括卫星电视在内的各种信号作为外辐射源的无源探测系统，并持续在这一领域进行研究。他们已发表了100多篇有关这一主题的论文，成为该领域的学科带头人。

本书是第一本面向大众介绍无源探测技术的书籍。正如书名所言，作者是想为读者提供无源探测系统的一个导论。作者以一种非常简单明了的方式展示无源探测系统如何工作以及它与有源雷达的不同，并展示了这种新技术的优点和缺点。本书是写给所有想了解这项新技术的人，但又不对所涉及的问题做深入的数学描述和讨论。本书还展示了无源探测系统的发展历史、工作原理、不同外辐射源的特性以及信号和数据处理的原理，包括相关接收、直达信号对消、双基地检测、目标定位和跟踪等。本书对系统的实例也进行了讨论，展示了一部分样机和最终产品。

书中给出了与无源探测系统性质和处理有关的基本数学公式，即使读者跳过这些公式也能完全掌握和理解该技术的基本原理。而高级的读者可以分析这些方程，并在提供的文献中找到相关数学理论的所有细节。

无源探测系统市场是一个新兴市场，目前可供使用的产品还很少。许多工业竞争对手已经开始新的计划，旨在为民用和军用市场开发新的无源探测系统，其市场空间价值估计超过100亿美元。

随着时间的推移，无线电频谱变得越来越拥挤、越来越有价值。通信公司都试图获得更多的频谱资源，而获得用于雷达和遥感目的的发射许可则更为困难。无源探测系统无疑是解决这一问题的一种“绿色”方案：无须为发射信号支付频谱占用费。构建这样的探测系统只需要有高灵敏度的接收机和高速的数字信号处理设备，它们可用于空管控制、边境防护、军事应用甚至鸟类迁徙分析等应用。

在读完本书后，您将获得理解这一迷人技术所需的知识，并希望您能以全新的视角深入了解无源探测系统的内部工作原理。

Krzysztof Kulpa 教授
于华沙工业大学
2017 年 2 月

前　　言

编写本书的动机来自于 Artech 出版社雷达系列丛书的主编 Joe Guerci 博士的建议。他指出，多年以来我们积累了大量的研究成果、演讲材料和教程材料，不难将其汇编成一本书。当然，实际上并没有那么简单，本书还需要花费大量的时间来组织材料、编写、改编和检查。

第 1 章对历史的介绍表明，无源探测技术已经存在长达 90 年。由于无源探测不需要专用的大功率发射机，并且通常结构简单、成本低廉，因此非常适合于大学研究。世界各地的大学机构在这方面进行了大量的研究，也在相关会议或杂志上发表了大量的论文及学术成果。但总有一种感觉，无源探测系统“几乎表现的和真正的雷达一样好”，这似乎是一种寻找问题的正确答案。在过去的 5 年中这一情况发生了变化，无源探测技术也变得日益成熟。广播和通信中广泛应用的数字传输提供了更适合探测波形，频谱拥挤的问题也为寻求利用现有辐射信号而不是增加频谱拥塞度的传输技术提供了动力。几十个国家的商业公司已经投入资源开发比二十年前的实验系统性能更好、可靠性更高的无源探测系统。在接下来的十多年内，这项技术将会有进一步的发展。最后一章也指出了一些比较有前景的无源探测技术的应用。

本书不是有各种冗杂公式的专著，目的是让对雷达原理有基本认识的人理解和掌握无源探测的概念。重点是展示无源探测系统的基本原理、关键技术和一些应用实例。同时，提供了详尽的文献以便让具备基本知识的读者进行深入研究。本书借鉴了前人出版的书籍和研究成果，其中最著名的是 Nick Willis 的《双基地雷达》，在他的书中给出了双基地雷达的一般概念和介绍性的文字，本书中的许多章节有所引用。

我们两位作者的职业生涯中有很大部分时间都是从事无源探测方面的研究，很幸运和许多有才华的工程师合作，他们为技术的进步做出了独特的贡献。在这个领域，有像世界社区的感觉，每个人都可以分享自己的想法和成果，并且更进一步工作，相互促进。这是一个巨大的舞台，从事该领域的千万工程师们就是这个舞台的演员，是他们的工作为我们提供了许多有意义的灵感，帮助我们塑造了本书的灵魂。感谢每一个为此做出贡献的人，特别要感谢我们的同事 Matt Ritchie，Alessio Balleri，Graeme Smith，Andy Stove，Simon Watts 和 Landon Garry。

我们特别感谢 Joe Guerci 博士对本书提出的建议以及 Artech 出版社 Molly Klemarczyk 和 Aileen Storry 对本书出版过程中的关注。我们还要感谢在本书中给予我们图片使用版权的众多作者、机构以及出版者；感谢阅读本书初稿并提出建议、勘误的同事们。最后感谢我们的夫人，Morag 和 Janet，她们给予我们一贯的宽容和鼓励。

由于能力有限，书中纰漏在所难免，望广大读者批评指正。

目　　录

第1章　概述 …… 1

1.1　术语 …… 1

1.2　历史 …… 3

1.3　本书的研究方法及范围 …… 9

参考文献 …… 10

第2章　无源探测系统原理 …… 13

2.1　简介 …… 13

2.2　双基地和多基地几何构型 …… 14

2.2.1　覆盖 …… 16

2.2.2　直达波信号对消 …… 17

2.3　双基地距离和多普勒 …… 17

2.3.1　距离测量 …… 18

2.3.2　距离分辨率 …… 18

2.3.3　多普勒测量 …… 21

2.3.4　多普勒分辨率 …… 21

2.4　多基地无源探测系统的距离和多普勒 …… 24

2.5　多基地目标定位 …… 25

2.6　双基地探测的距离方程 …… 26

2.7　双基地目标特征和杂波特征 …… 29

2.8　总结 …… 35

参考文献 …… 36

第3章　照射源特性 …… 37

3.1　模糊函数 …… 37

3.1.1 双基地探测系统的模糊函数 …… 37
3.1.2 FM 无线电广播信号的带宽扩展 …… 41
3.2 数字与模拟 …… 42
3.2.1 模拟电视信号 …… 42
3.2.2 失配滤波 …… 44
3.3 数字编码的波形 …… 44
3.3.1 正交频分复用 …… 45
3.3.2 全球移动通信系统 …… 47
3.3.3 长期演进系统 …… 47
3.3.4 地面数字电视 …… 54
3.3.5 WiFi 和 WiMAX …… 55
3.3.6 数字无线广播 …… 55
3.4 垂直面覆盖 …… 57
3.5 星载照射源 …… 59
3.5.1 全球导航卫星系统 …… 59
3.5.2 卫星电视 …… 60
3.5.3 海事卫星 …… 61
3.5.4 铱星系统 …… 62
3.5.5 低轨雷达遥感卫星 …… 62
3.6 雷达照射源 …… 64
3.7 总结 …… 67
参考文献 …… 67

第4章 直达波信号对消 …… 73

4.1 简介 …… 73
4.2 直达波信号干扰功率电平 …… 75
4.3 直达波信号对消 …… 77
4.4 总结 …… 83
参考文献 …… 84

第5章 无源探测性能预测 …… 85

5.1 简介 …… 85

5.2 预测探测性能的参数 …… 85
5.2.1 发射功率 …… 86
5.2.2 双基地雷达的目标散射截面积 …… 86
5.2.3 接收机噪声系数 …… 87
5.2.4 积累增益 …… 88
5.2.5 系统损耗 …… 89
5.3 探测性能预测 …… 90
5.4 预测性能和实测性能的比较 …… 95
5.5 目标定位 …… 95
5.6 先进的无源探测性能预测 …… 96
5.7 总结 …… 96
参考文献 …… 97

第6章 检测和跟踪 …… 99

6.1 简介 …… 99
6.2 恒定虚警率检测 …… 99
6.3 目标位置估计 …… 101
6.3.1 等距椭圆 …… 101
6.3.2 到达时间差 …… 103
6.3.3 距离－多普勒图 …… 105
6.4 跟踪滤波 …… 107
6.4.1 卡尔曼滤波 …… 107
6.4.2 概率假设密度跟踪 …… 109
6.4.3 多接收机无源跟踪 …… 110
6.5 总结 …… 111
参考文献 …… 112

第7章 一些系统和结果的举例 …… 114

7.1 简介 …… 114
7.2 模拟电视 …… 114
7.3 FM广播 …… 115

7.3.1 “寂静哨兵”雷达 …… 115
7.3.2 Manastash Ridge 雷达 …… 116
7.3.3 最近使用 FM 广播发射机的实验 …… 117
7.3.4 小结 …… 118
7.4 手机基站 …… 118
7.5 DVB-T 和 DAB …… 120
7.6 机载无源探测系统 …… 123
7.7 高频天波传输 …… 127
7.8 室内/WiFi 定位 …… 128
7.9 星载照射源 …… 132
7.9.1 使用 GPS 和前向散射的早期实验 …… 132
7.9.2 同步轨道卫星 …… 132
7.9.3 双基地 SAR …… 132
7.9.4 双基地 ISAR …… 134
7.9.5 小结 …… 134
7.10 低成本科学遥感 …… 135
7.10.1 使用 GNSS 信号的海洋散射测量 …… 135
7.10.2 陆基双基气象雷达 …… 136
7.10.3 行星际雷达遥感 …… 136
7.11 总结 …… 138
参考文献 …… 138

第 8 章 未来的发展和应用 …… 145

8.1 简介 …… 145
8.2 频谱问题与共生雷达 …… 145
8.2.1 频谱问题 …… 145
8.2.2 共生雷达 …… 146
8.3 无源探测在空管中的应用 …… 147
8.4 无源探测的对抗措施 …… 148
8.4.1 对抗措施 …… 148
8.4.2 双基地拒止 …… 149

8.5 目标识别和无源探测 …………………………………………… 150
8.6 老人看护和救生 …………………………………………………… 154
8.7 低成本无源探测 …………………………………………………… 154
8.8 智能自适应雷达网络 ……………………………………………… 156
8.9 总结 ………………………………………………………………… 157
参考文献………………………………………………………………………… 158

第1章 概　　述

1.1 术　　语

无源探测可以理解为一种目标探测技术，它利用现有的信号，如广播、通信或无线电导航信号为照射源。而传统的单基地雷达通常使用自己的专用发射机，以及收发共用单一天线，其信号形式（通常是脉冲）也是专为有源探测功能优化的。

虽然“无源雷达”术语被广泛采用，但也有其他说法。“无源相干定位”（Passive Coherent Location, PCL）和“无源隐蔽雷达”（Passive Covert Radar, PCR）两种说法在军事领域用得较多。而“无源双基地雷达”（Passive Bistatic Radar, PBR）的广泛使用是因为强调其双基地配置，即发射机和接收机物理上分离的特性，它在实际中确定了这种类型雷达的性能。“搭便车”（Hitchhiking）指发射源（照射源）是一个已经存在的单基地雷达，此外还用了“广播雷达”“非合作雷达”“寄生雷达”“共生雷达”等术语[1]。为简便起见，本书采用最简单的说法，即“无源探测”①。

无源探测系统使用的信号发射源通常称为外辐射源，这意味着它们的信号是被优化了的作为其他应用而不是作为雷达照射的。进一步的区分还包括了“合作照射源”与“非合作照射源”。在实践中，这些概念分类相当粗略，还有一系列不同的情况。一种极端情况是照射源的波形和覆盖可能是完全合作的，在无源探测系统设计者的控制下甚至可以实时动态变化。另一个极端情况是照射信号尽可能设计得很难被无源探测系统利用。显然，在这两个极端之间有很多案例。

---

① 在中国，无源探测技术属于电子战领域范畴，因此本书将“Passive Radar”翻译为“无源探测”或“无源探测系统”，下同。——译者注

目前特别感兴趣的是“共生雷达”，广播或通信信号不仅被设计成用来实现其原有的目的，而且在某种意义上被优化为满足探测的要求（“共生雷达”是南非研究人员对无源探测系统的另一个说法，特别是照射源为非合作照射源的情况）。现代的数字信号处理技术能够利用复杂的数字波形编码实现这一点，称为波形的多样性。“共生雷达”可能是解决频谱拥塞问题的有效方式，在第 8 章详细描述。

无源探测系统的一个“近亲”是无源辐射源跟踪（Passive Emitter Tracking，PET）系统。它由多个接收器根据目标（通常是飞机）发射的信号实施定位和跟踪①。

无源探测系统具有许多潜在的吸引力，例如：

（1）广播和通信发射机往往都安装在高处，可以实现广域的覆盖。

（2）系统利用现有的发射机作为照射源，成本比常规传统雷达低很多。

（3）不存在无线电频率许可证问题。

（4）它可以使用雷达通常无法使用的波段，如甚高频（VHF）或超高频（UHF）。这些波段的无线电波长和目标的物理尺度接近，而且前向散射角较宽，适合探测隐身目标。

（5）由于接收机不辐射任何信号，因此只要接收天线不突出，无源探测系统就很难被发现，可以做到完全隐蔽。

（6）难以对无源探测系统实施电子对抗，干扰信号不得不分散在各个方向上，导致其有效性降低。

（7）无源探测系统不占用频谱资源，可称为“绿色雷达”。

（8）各种辐射源均可作为照射源，在实际中几乎任何信号都可以作为无源探测系统的基础。

无源探测系统也具有一些明显的缺点：

（1）使用的照射波形通常不是以探测为目的而优化的，因此应选择合适的波形并以最佳的方式加以处理。

（2）在许多情况下，照射源发射机并不受无源探测系统的控制。

（3）模拟信号的模糊函数（距离和多普勒分辨率）取决于瞬时调

---

① 这种技术也称为无源多点定位。——译者注

制，某些调制方式较好，某些调制方式较差；数字调制方式不受此影响，因此可以作为首选波形。

（4）波形通常是连续的（占空比为 100%），必须采取有效的措施抑制直达波信号和多径信号以检测微弱目标回波。

（5）与所有双基地雷达一样，目标在发射机和接收机基线上或接近基线时，距离和多普勒分辨率都较差。

以上的问题将在本书中详细讨论。

1.2 历 史

与其他情况一样，无源探测技术可追溯的历史要比想象得更久远。由美国海军实验室 Taylor 和 Young 在 1922 年做的雷达探测实验就是基于双基地技术的[2]。首个有记录的将广播信号用于雷达探测的实验是在 1924 年，Appleton 和 Barnett[3]将无线电广播信号发射机放置在英格兰南部海岸伯恩茅斯（Bournemouth），频率约为 770kHz，接收机放置在 150km 外的牛津（Oxford），用于测量电离层的高度。在这个例子中，信号通过地波直达和电离层反射两个路径传输（图 1.1），通过路径长度差得到两个信号合成后的特定相位关系。在一封给同事的信中，Appleton 解释说，在这个距离范围内两个信号的幅度大致相同，实际上也的确如此[4]。发射机的扫频范围大约为 20kHz，扫频周期大约为 10s，因此相位关系将发生变化。用晶体检波器和电流表检测跟踪其最大值和最小值得到的间隔正比于路径差。这也可以认为是世界上第一个使用频率调制（调频）的雷达[5]。

1935 年 2 月 26 日的 Daventry 实验是雷达发展史上又一里程碑[5-6]。Robert Watson Watt（他的学术背景也是电离层科学）和他的助手 Arnold Wilkins 使用英国国家广播公司（BBC）工作在约 6MHz 频率的广播发射机检测到了距离 8km 的飞机目标（Handley Page Heyford 轰炸机）。更重要的是，他们能够向一位高级官员（Rowe）演示这一结果，说服了英国航空部为这一发展项目提供资金，构建了英国“本土链”（Chain Home）防空雷达系统，并正好赶上第二次世界大战爆发[6]。

早在 1938 年，美国《科学》杂志上就发表了一篇关于电视信号受

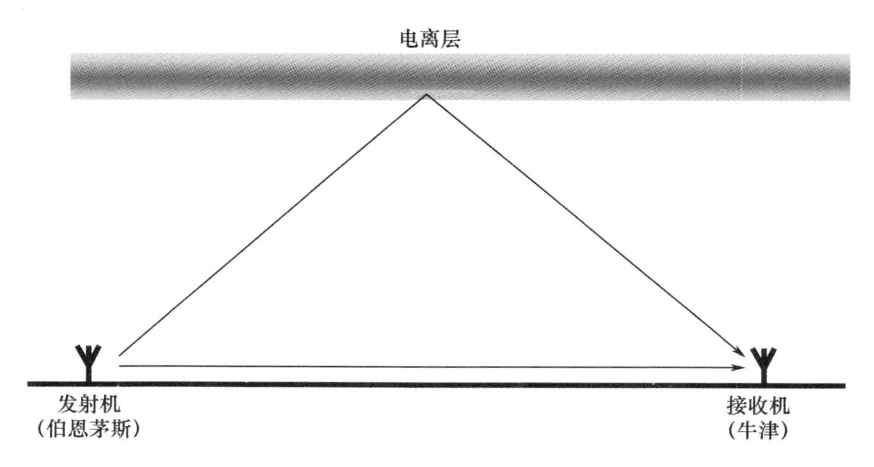

图 1.1 Appleton 和 Barnett 在 1924 年的实验

到飞机目标反射后在屏幕上形成“鬼影”的文章[7]。由飞机目标反射回的电视信号比直达波信号略有时延,因此在电视屏幕上形成重影。

德国在第二次世界大战时的双基地雷达系统“克莱因海德堡”(Klein Heidelberg)(图 1.2 和图 1.3)是第一个实用化的无源探测系统,它使用英国的“本土链”雷达信号作为照射源[8-9]。首套系统在 1943 年应用于实战,随后又部署了 5 个站点,直到 1944 年 10 月盟军才获悉它的存在[10]。当德军的早期预警雷达被干扰或被其他电子对抗手段破坏后,它仍能够有效地为德国防空系统服务,证明了其价值。然而它出现得太晚,没有对战争起决定性作用。“本土链”雷达使用宽波束照射的特点使得这套系统的实现成为可能。

第二次世界大战结束后,除了某些特定的应用,双基地操作的额外复杂性没有提供任何明显的优势或能力,因此人们对双基地雷达的兴趣减弱。Nickolas Willis 编写的两本关于双基地雷达的经典书籍[1,12]和 Skolnik《雷达手册》中双基地雷达的章节[13],提到了双基地雷达的研究出现了三次复苏。

第一次复苏包括:1957 年美国在远程预警项目中部署的 AN/FPS-23 Fluttar 双基地早期预警雷达系统,用于探测飞机;1967 年部署的用于发现弹道导弹发射的 440-L 超视距前向散射探测系统以及 3 套多基地探测系统,即 VHF 无源测距和多普勒测量系统、微波多普勒仪表

(a)

(b)

图1.2 (a)“克莱因海德堡”雷达的天线和地堡
(荷兰东福尔讷 Oostvoorne,1947年);
(b)天线的偶极子单元和反射网(图片来源:Jeroen Rijpsma)

雷达系统以及遍布美国全境的大型空间监视卫星跟踪雷达系统,这套系统连续工作了50年,直到最近才退役。一直以来,最重要的双基地系统可能是在导弹制导中应用的系统,目标跟踪雷达照射目标而导弹上携带了接收机,这种技术也称为半主动导引技术。目标的闪烁会对导弹脱靶距离造成重要的影响,减少这一影响的方法是将照射雷达、目标和导弹形成的双基地角拉大。

第二次复苏是自1967年起并持续近40年用于测量月球和行星表面的廉价的、背负式部署的双基地雷达。这期间的研发活动主要是英国和美国开展的针对双基地雷达抗干扰研发测试以及对单基地雷达抗反辐射导弹(ARM)打击威胁的研究。虽然大多数测试都是成功的,但没有一个进入部署,因为其他手段更加简单而廉价(如诱饵、使用全球定位系统(GPS)减小定位误差以及专门为防区外单基地雷达部署的专用通信数据链)。1980年,美军在夸贾林导弹测试基地部署了一套多基地雷达测量系统,用于减小单基地雷达横向距离测量误差,这套系统成功运行13年后退役。

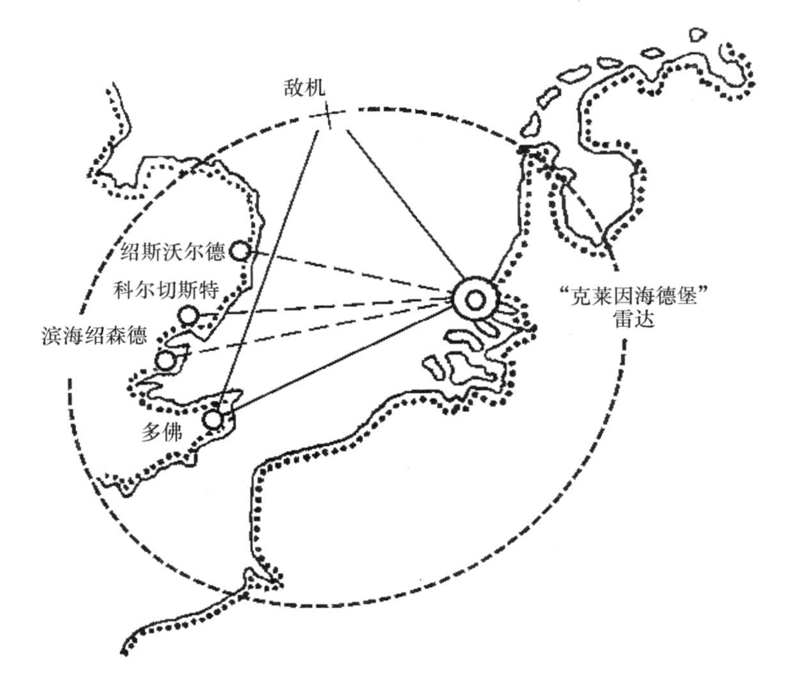

图 1.3　德国“克莱因海德堡”双基地雷达的原理图(改编自文献[11])

第三次复苏是双基地技术在研究、开发和测试方面的进一步发展,包括:用于提高合成孔径雷达横向测量精度的自聚焦算法;用于提高杂波下运动目标检测性能的空时自适应信号处理;利用商业广播发射机进行廉价和隐蔽的防空监视;利用单基地气象雷达生成机场周边全矢量风场的技术。在 20 世纪 90 年代中期出现了 2 套双基地探测系统:华盛顿大学开发的利用调频广播信号研究电离层扰动的 Manastash Ridge 雷达;俄罗斯采用前向散射检测低空飞行飞机和对非机动目标提供有限状态估计的 Struna－1 系统。

这些结果有助于进一步实用的双基地探测系统的出现,这是因为双基地探测系统的性能优势可以利用,并且现在的技术和(特别是)处理能力允许这些优势得以实现。无源探测系统本质上是双基地系统,是第三次复苏背后的主要驱动力之一。

20 世纪五六十年代与此相关的出版物较少,一方面是由于在这方面的研究有限，另一方面几乎所有的相关研究都是保密的。Rittenbach和Fishbein在1960年发表文章[14]，描述了一套关于使用同步轨道卫星进行双基地检测的理论。这套系统用于检测地面运动车辆，卫星上的发射机发射随机调制连续波信号，辐射功率小于100W。接收机使用两副天线，一副天线对准卫星接收直达波信号，另一副天线指向目标接收回波。其信号处理过程包括目标回波与直达回波之间的互相关操作。这篇文献没有给出任何实际试验结果。

Lyon[15]提及了一套美国20世纪60年代部署的用于探测苏联导弹发射的“糖树”(Sugar Tree)高频(HF)超视距(OTH)无源双基地系统。发射机靠近发射场附近，所以直达波信号和目标回波都会通过天波传播到远方的接收机处。关于该系统的信息直到近些年才解密[16-17]。

在20世纪80年代早期，伦敦大学学院的研究者们利用希斯罗机场的航管雷达信号实现了双基地探测系统的演示验证。该航管雷达工作在600MHz。该系统演示了实时同步、相干的动目标指示(MTI)和采用数字波束形成的脉冲追踪。当时有理由认为，UHF波段的电视传输信号也可以作为双基地探测的照射源，因为它们功率高、相对带宽宽(约为6MHz)，并且频率和航管雷达近似。这套系统是无源探测系统概念的首次实验演示，同时也发现了一些问题，包括使用占空比为100%的信号所带来的困难，以及与线扫描信号相关的强周期特征等。有趣的是，当时的电视台并不是每天24h开播，在每天开机之前，会播放一张测试图案，让电视机能够正确地同步。这使得在双基地探测实验中有可能安排英国广播公司发射特殊的测试图案，以提供有利于探测性能的波形。

在随后的30年里，重要的相关论著和文献竞相发表。纽约空军研究实验室(AFRL)的Ogrodnik展示了一种用于防空监视的低成本便携式无源探测系统。1999年，Howland[21]展示了采用电视信号检测和跟踪飞机目标的相关工作。他的系统只使用视频载波，而且只测量回波的多普勒频移和目标到达角(没有距离信息)，从而克服了模拟电视信号的局限性。该系统将多普勒和到达角信息导入扩展卡尔曼滤波(EKF)进行跟踪处理，显示能够发现和跟踪英国西南方广大空域内的民航目标。2005年，Howland等[22]展示了采用单个VHF调频广播信号和单部接收机实现对 100km 外飞机目标的检测和跟踪。

从那时起,无源探测领域的相关研究工作稳步增长。它特别适合在高校研究,接收硬件成本相对较低,而且没有大功率发射机或发射许可的问题。许多实验都利用调频无线电广播信号,同时短波广播、数字广播及数字电视、手机信号、无线局域网(WiFi)和全球微波互联访问(WiMAX)以及各种卫星信号也用于相关实验。数字调制信号的引入是一个重要的发展。2009 年美国关闭了模拟电视信号传输;2011 年 11 月 29 日,法国停止了所有模拟信号传送服务,日本在 2012 年 3 月 31 日停止;其他许多国家也已纷纷开始效仿。挪威的模拟调频广播信号于 2017 年 1 月关闭。

Manastash Ridge 雷达(MRR)是一种使用单个调频广播信号发射机的无源探测系统,由华盛顿大学建造并用于电离层扰动的相关研究[23-24]。调频无线电广播照射源的使用特别适合无源探测系统,因为接收系统成本低,并且 100MHz 频率是这个应用的理想选择。华盛顿大学的研究人员将接收机放置在山脉的另一侧,从而解决了直达波信号抑制的问题。该系统对超过 1200km 范围的电离层进行连续监测(见图 1.4)。这个系统说明了无源探测系统在低成本遥感应用领域具有很强的吸引力。

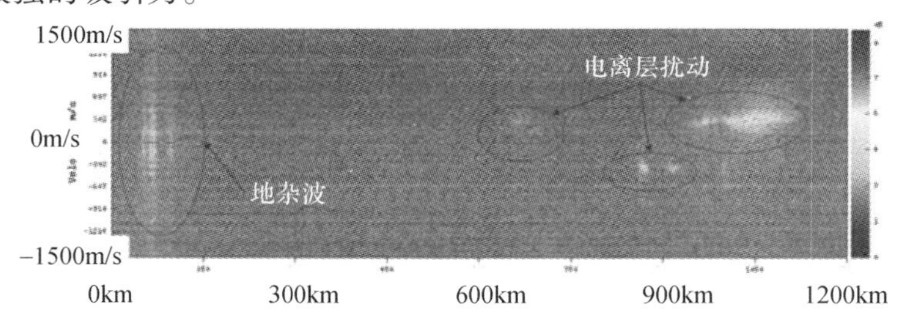

图 1.4　一组 MRR 距离 - 多普勒格式输出的例子(John Sahr. 提供)

20 世纪 90 年代末期到 21 世纪初,美国的洛克希德·马丁公司研发了名为“寂静哨兵”(Silent Sentry)的无源探测系统[25]。这套系统利用调频广播信号作为照射源,能够实时探测和跟踪多个空中目标,并且能够实时探测卡纳维纳尔角发射的火箭。近期也有许多其他公司研发的无源探测系统进行了展示,包括:法国 THALES 公司的“Homeland A-

lerter"系统;意大利 LEONARDO 公司的"AULOS"系统以及空客防务与航天公司(Airbus Defence and Space,其前身为卡塞蒂安(Cassidian)公司)基于调频广播(FM)/数字信号广播(DAB)/数字视频传输(DVT)的无源探测系统(图1.5)。

图1.5 无源探测系统天线

这些最近的研发状态标志着该领域的技术正逐步走向成熟。它们利用多种照射源能够实现比以前更广的覆盖和更可靠的性能,意味着这些系统正逐渐走向实际应用,如空中交通控制、常规雷达覆盖补盲等,并且是频谱拥塞问题潜在的解决方案[26]。无源探测技术的研究正得益于北约大量不同方面的课题组(NATO Task Groups)以及欧盟科学计划项目中的一些基础项目。这在一定程度上说明了欧洲国家对该领域的高度兴趣和投入。

1.3 本书的研究方法及范围

本书的目的是提供对无源探测技术领域最新的介绍。本书适合工业部门相关从业者和研究生阅读,重点放在对实际系统和实际处理技术的介绍。

本书其余部分的结构如下:

第 2 章介绍双基地探测系统的性能，主要基于双站几何构型进行讨论。本章还推导双基地探测方程，并对双基地目标截面积和杂波进行研究。

第 3 章介绍关于无源探测系统一个非常重要的话题——发射机，并讨论很多方面。研究表明，模拟信号波形可能具有时变的模糊函数，取决于节目内容的性质；数字调制格式的信号更像噪声信号，可以很好地作为探测的信号。另一个对空中目标检测和跟踪同样重要的话题是照射源的垂直面覆盖。

第 4 章讨论无源探测系统接收机对直达波信号抑制的问题。这些信号的电平可能比噪声高 100dB 甚至更高，因此对无源探测系统接收机动态范围的要求很严格。

第 5 章对以上因素进行汇总，通过说明如何将正确的值代入基本探测方程中，以及其中相关假设和近似对性能的影响，可以以较为真实的方式预测无源探测系统的性能。

第 6 章介绍无源探测系统目标探测和跟踪问题。每个发射站 - 接收站提供的信息包括一个或多个双基地距离、多普勒频移和到达方向。将这些信息相结合以提供可靠的多个目标跟踪并非易事。

第 7 章给出一系列实用的无源探测系统及其结果，它们是按第 3 章中考虑的照射源类型排列的。

第 8 章讨论无源探测技术未来的发展和应用。无源探测是一个热门话题，未来似乎激动人心，最近一个国防商业网站预测，2013—2023 年，无源探测技术的军用和民用航空市场价值可能超过 100 亿美元。

参考文献

[1] Willis, N. J., and H. D. Griffiths, *Advances in Bistatic Radar*, Raleigh NC: Sci-Tech Publishing, 2007, pp. 78–79.

[2] Glaser, J. I., “Fifty Years of Bistatic and Multistatic Radar,” *IEE Proc.*, Pt. F, Vol. 133, No. 7, December 1986, pp. 596–603.

[3] Appleton, E. V., and M. A. F. Barnett, “On Some Direct Evidence for Downward Atmospheric Reflection of Electric Rays,” *Proc. Roy. Soc.*, Vol. 109, December 1925, pp. 261–641.

[4] Letter from Edward Appleton to Balth van der Pol, January 2, 1925 (transcribed by B.A. Austin).

[5] Griffiths, H. D., "Early History of Bistatic Radar," *EuRAD Conference 2016*, London, October 6–7, 2016.

[6] Watson-Watt, R. A., *Three Steps to Victory*, Chapter 20, London, U.K.: Odhams Press, 1957, pp. 107–117.

[7] *Science News Letter*, April 23, 1938.

[8] Griffiths, H.D. and Willis, N.J. "Klein Heidelberg: The First Modern Bistatic Radar System," *IEEE Trans. on Aerospace and Electronic Systems*, Vol. 46, No. 4, October 2010, pp. 1571–1588.

[9] Griffiths, H. D., "Klein Heidelberg: New Information and Insight," *IEEE Radar Conference 2015*, Johannesburg, October 2015.

[10] *Air Scientific Intelligence Interim Report, Heidelberg*, A.D.I. (Science), IIE/79/22, 24 November 1944, Public Records Office, Kew, London (AIR 40/3036).

[11] Hoffmann, K. -O., *Ln-Die Geschichte der Luftnachrichtentruppe, Band I/II*, Neckargemünd, 1965 (in German).

[12] Willis, N. J., *Bistatic Radar*, 2nd ed., Silver Spring, MD: Technology Service Corp., 1995, corrected and republished by SciTech Publishing, Raleigh NC, 2005.

[13] Willis, N. J., "Bistatic Radar," in Radar Handbook, Third Edition, M. I. Skolnik (ed.), New York: McGraw-Hill, 2008.

[14] Rittenbach, O. E., and W. Fishbein, "Semi-Active Correlation Radar Employing Satellite-Borne Illumination," *IRE Transactions on Military Electronics*, April–July 1960, pp. 268–269.

[15] Lyon, E., "Missile Attack Warning," Chapter 4 in *Advances in Bistatic Radar*, N. J. Willis and H. D. Griffiths, (eds.), Raleigh NC: SciTech Publishing, 2007.

[16] Memorandum, Chief of Naval Research to Chief of Naval Operations, Subject: CW transmit site at Spruce Creek, FL, April 29, 1966.

[17] Nicholas, R. G., "The Present and Future Capabilities of OTH Radar," *Studies in Intelligence*, Vol. 13, No. 1, Spring 1969, pp. 53–61, Central Intelligence Agency (declassified).

[18] Schoenenberger, J. G., and J. R. Forrest, "Principles of Independent Receivers for Use with Co-Operative Radar Transmitters," *The Radio and Electronic*

Engineer, Vol. 52, No. 2, February 1982, pp. 93–101.

[19] Griffiths, H. D., and Long, N.R.W., "Television-Based Bistatic Radar," *IEE Proc.* Pt. F, Vol. 133, No. 7, December 1986, pp. 649–657.

[20] Ogrodnik, R. F., "Bistatic Laptop Radar: An Affordable, Silent Radar Alternative," *IEEE Radar Conference*, Ann Arbor, MI, May 13–16, 1996, pp. 369–373.

[21] Howland, P. E., "Target Tracking Using Television-Based Bistatic Radar," *IEE Proc. Radar, Sonar and Navigation*, Vol. 146, No. 3, June 1999, pp. 166–174.

[22] Howland, P. E., D. Maksimiuk, and G. Reitsma, "FM Radio Based Bistatic Radar," *IEE Proc. Radar, Sonar and Navigation*, Vol. 152, No. 3, June 2005, pp. 107–115.

[23] Sahr, J. D., and F. D. Lind, "The Manastash Ridge Radar: A Passive Bistatic Radar for Upper Atmospheric Radio Science," *Radio Science*, Vol. 32, No. 6, 1997, pp. 2345–2358.

[24] Sahr, J. D., "Passive Radar Observation of Ionospheric Turbulence," Chapter 10 in *Advances in Bistatic Radar*, N. J. Willis and H. D. Griffiths, (eds.), Raleigh, NC: SciTech Publishing, 2007.

[25] Baniak, J., et al., "Silent Sentry Passive Surveillance," *Aviation Week and Space Technology*, June 7, 1999.

[26] Griffiths, H. D., et al., "Radar Spectrum Engineering and Management: Technical and Regulatory Approaches," *IEEE Proceedings*, Vol. 103, No. 1, January 2015, pp. 85–102.

[27] https://www.asdreports.com/news.asp?pr_id=1701. Accessed September 8, 2016.

第2章　无源探测系统原理

2.1　简　　介

本章介绍无源探测系统的基本特性，从而建立对目标探测和定位性能的描述。无源探测系统利用外辐射源照射目标或目标群，并使用远离发射机放置的接收机检测目标散射的辐射源信号。无源探测系统的基本组成如图2.1所示。

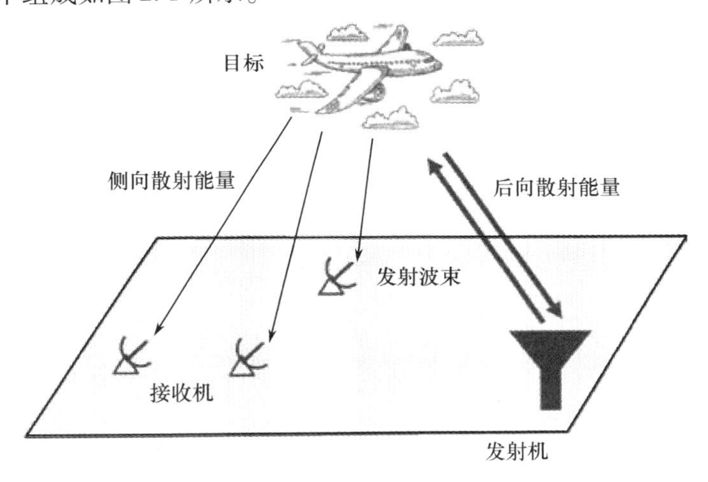

图2.1　无源探测系统构成示例

在图2.1中，外辐射源恰好是一个现有的雷达系统，与无源接收机构成一个双基地网络。小到WiFi路由器，大到星载GPS信号发射机，无源探测系统几乎可以使用任何类型的射频信号作为照射源。相关文献描述了由很多可能的照射源组成的系统。和传统的单基地雷达一样，无源探测系统也涵盖较大跨度的工作频率、系统设计和应用类型。然而，要在实践中找到最有利的照射源仍面临诸多限制。应用最多的照射源是高功率的 VHF 波段的无线电广播和 UHF 波段的数字电视（DTV）传输，两者都能够用于对飞机的远程探测。因此，本章关于无源探测基本概念的讲解都是用 VHF 和 UHF 信号作为例子。第 3 章将介绍其他类型的照射源。本章将介绍影响系统设计及系统性能的基本因素。事实上，无源探测系统最基本的特点之一是能够使用各种形式的发射机－接收机几何构型，对这种构型的描述将是以下讨论的基础。

2.2 双基地和多基地几何构型

无源探测系统能够使用一个或多个外辐射源以及一个或多个接收机。此外，出于显而易见的原因，探测系统的接收机通常远离照射源布置。因此，对于任意一个照射源和任意一个接收机，都可以形成一组双基地对，而众多双基地对的组合形成了无源探测系统网络。一个照射源和一个接收机之间的距离称为双基地组合的基线；多个照射源和/或多个接收机形成的网络具有多个基线。图 2.2 显示了利用美国俄亥俄州哥伦布市的 VHF 波段广播发射机和 UHF 波段数字电视发射机构成的定位系统。任意画一条 VHF 或 UHF 发射机与接收机之间的线段构成了一条无源探测网络的基线。因此，基线在各方向呈放射状向外扩散，并且与不同的发射机间构成不同长度的基线。事实上，图 2.2 显示的发射机和接收机布局是一种典型的无源探测网络的几何构型，即便是只有一个接收机的情况，也有许多外辐射源可以利用。也就是说，即便只使用了一个接收机，该无源探测系统也可称为多基地系统。

在多基地网络中的发射机和接收机的位置称为节点。只有单个接收机将使无源探测系统的关系最简单，软、硬件成本最低。如果只有单个照射源，无源探测系统就可以看作双基地系统，可以引入基本的双基地雷达理论。进一步，如果有多个照射源，整个无源探测系统就可以看作多个双基地雷达的互连。在这里仍使用简单的双基地雷达理论作为独立的双基地性能计算的依据。把独立的双基地对的结果组合起来就可以描述整个系统的性能。因此，本章对无源探测系统的论述通常抽象为双基地配置，这样更便于理解系统运行的基础和性能。对双基地方法的描述主要沿用了文献[1]的相关内容。Willis 提供了对双基地

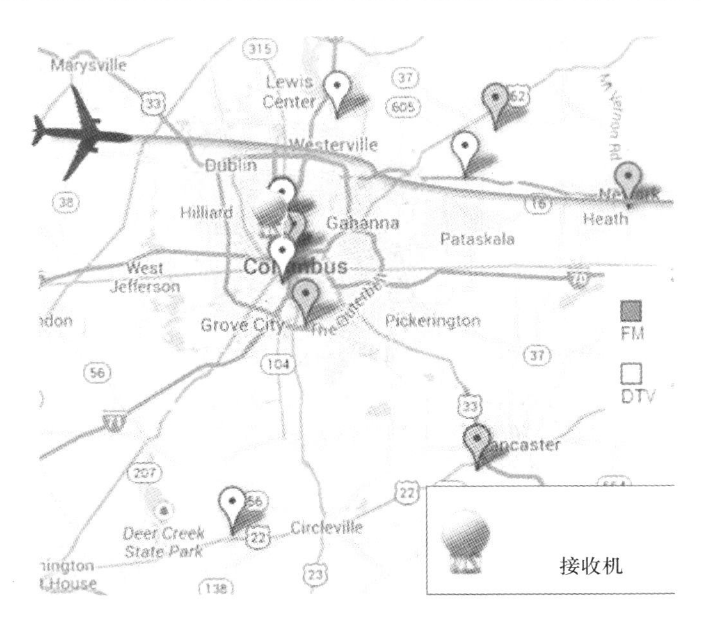

图 2.2　哥伦布区域的 VHF 调频广播发射机(灰色)/UHF 数字电视发射机(白色)/俄亥俄州立大学内的无源接收机/一条典型的飞机跟踪航迹

雷达一般情况下参数更详细的描述,在他的论著中还能够找到更多的细节。在这里只关注与确定无源探测系统性能最相关的方面,下面以图 2.3 所示的无源探测系统构型[2]为例讨论。

基本的无源双基地几何构型由一个外辐射源和一个接收机组成,并对一些关键要素进行了定义。发射机和接收机的间距称为基线,用 L 表示;发射机与目标的距离称为目标距离,用 R_T 表示;目标与接收机的距离称为接收机距离,用 R_R 表示。

由“发射机 - 目标 - 接收机”构成的角称为双基地角,用 β 表示。双基地角的角平分线用虚线表示。发射机的指向角用 θ_T 表示,接收机的指向角用 θ_R 表示,其参考可以是任意确定的方向(如以北向为参考或如图 2.3 中的垂直方向为参考)。对于简单的几何构型可以得到 $\beta = \theta_T - \theta_R$。给定目标速度矢量 $\boldsymbol{v}$,其速度方向与双基地角平分线之间的夹角记为 δ。这些参数完全定义了发射机和接收机在固定位置的多站无源探测系统中任意一个双基地组成的几何构型。值得注意的是,

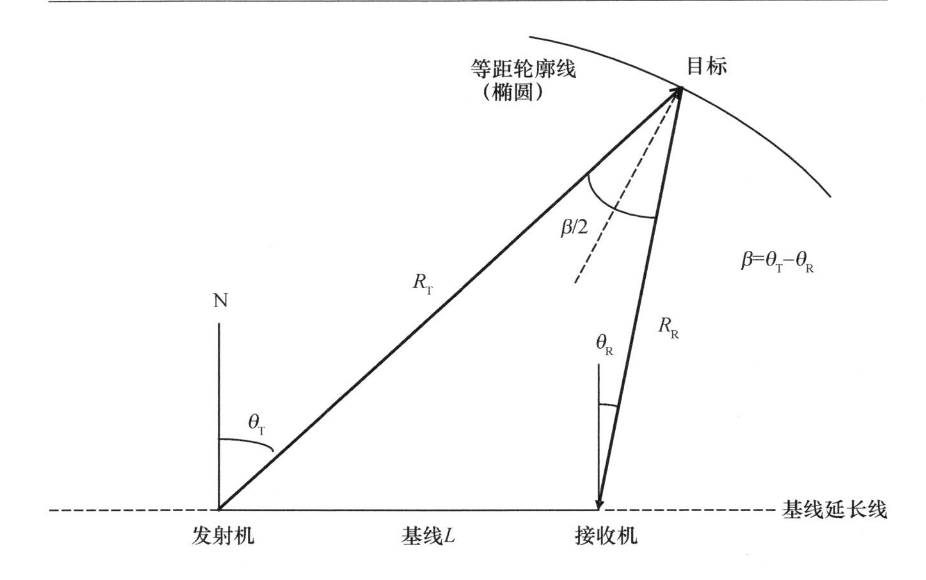

图 2.3　双基地雷达几何构型

目标速度为 v，与双基地角 β 角平分线之间的角度记为 δ。

根据这样的方法还能够进一步定义具有移动发射站或移动接收站的系统。然而，这是一个更加复杂的情况，先将它放在一边，集中讨论最基本的情况，这也符合现有的大多数无源探测系统的实际情况。

2.2.1　覆盖

照射信号与接收天线的交集确定了无源探测系统的覆盖范围，这是系统性能的一个基本方面，也是任何潜在应用首要考虑的因素。无源探测系统的覆盖范围是根据最常用的外辐射源类型进行研究的。无源探测系统的外辐射源通常将它们的所有功率都辐射导向它们的用户。例如，电视和广播的用户位于地面上的任何地方，因此辐射的投影在方位上接近全向，并尽可能多地向下和向外辐射。然而，VHF 波段和 UHF 波段使用的频率相对较低，这意味着不可避免地会有明显向上的辐射泄漏，从而使其适合航空交通管理和防空等应用。事实上，许多外辐射源往往是全向的，在方位上将信号均匀地传送到各个方向。然而，还有其他的照射源，如扫描雷达，其扫描是高度方向性的，但它们的照射以扫描角的函数覆盖所有方位角。

2.2.2　直达波信号对消

由于 VHF 广播和 UHF 电视发射信号等全向照射源在所有方位上传输信号,不可避免地会有一些没有经过目标反射的信号直接到达接收机,这称为直达波信号,它沿着图 2.3 所示无源探测系统几何构型中定义的基线传输。直达波信号只有单向路径传播衰减,衰减系数为 $1/L^2$,其中 L 为发射机和接收机之间的基线距离,因此接收到的信号很强。在无源探测系统设计和运行过程中这既有好处也有不足。其好处在于:通过一个独立的接收天线和接收系统(直达波通道)接收直达波信号可以作为一个时间基准,用于计算双基地时延或距离,也就是照射源到目标,再到接收机的距离。这种使用直达波信号作为时间基准参考的更常用的称谓是"相关接收"。它使在监视通道中目标信号的相位以直达波通道中提取的初始相位作为参考。这意味着,可以检测和提取由于目标运动或杂波运动造成的相位变化。这种处理方法类似于传统的相参单脉冲多普勒雷达中的处理。事实上,正如即将看到的那样,无源探测系统利用相位检测和分辨目标,高度依赖多普勒分辨率而不是距离分辨率。

当直达波信号泄漏到用于探测目标的天线和监视通道时,其强度通常大于目标的弱回波,它的存在就成为一个不利因素。直达波信号往往很强,甚至在监视通道中经过各种降低措施之后,它与弱目标相比仍然是一个很强的干扰,限制了最大探测距离。在监视通道中接收到的直达波信号称为直达波信号干扰。在理想情况下,直达波信号干扰必须降低到小于接收噪声电平的程度。如果这能够实现,就能避免对给定反射截面积目标探测距离的下降。第 4 章将详细讨论减少监视通道中直达波信号的方法。

2.3　双基地距离和多普勒

对距离和多普勒频率的测量以及对距离和多普勒频率的分辨能力是任何雷达系统的基本特性,对确定雷达检测和跟踪性能至关重要,对无源探测系统来说也是如此。因此,在这一节将重点研究距离、多普勒频率,以及距离分辨率、多普勒频率分辨率,举例说明这些参数在无源探测系统中的重要作用,并给出与传统单基地雷达的不同。

2.3.1 距离测量

以图 2.3 为例,直达波信号和经目标反射的回波信号之间的时间差或等效的目标距离(称为双基地等效时延或双基地距离)为

$$R_{\mathrm{T}} + R_{\mathrm{R}} - L \tag{2.1}$$

$R_{\mathrm{T}} + R_{\mathrm{R}}$为距离和,对双基地距离(或时延)的测量是任何无源探测系统的基础。事实上,双基地接收机能够测量直达波信号和发射机—目标—接收机路径之间的距离差(双基地距离)、接收到的回波多普勒频移f_{D}和回波的到达角θ_{R}(使用了方向性的监视通道天线)。

具有相等双基地距离的轮廓线定义了一个椭圆,其发射机和接收机分别位于两个焦点上。与单基地雷达对比,单基地雷达的发射机和接收机是共址的,因此其等距离轮廓线是一个圆。如果基线L已知,就可以由测量的量$(R_{\mathrm{T}} + R_{\mathrm{R}} - L)$得到距离和$(R_{\mathrm{T}} + R_{\mathrm{R}})$。如果能够测量$\theta_{\mathrm{R}}$,就可以通过简单的几何关系以及下式中已知和测得的值解算出目标与接收机之间的距离,即

$$R_{\mathrm{R}} = \frac{(R_{\mathrm{T}} + R_{\mathrm{R}})^2 - L^2}{2(R_{\mathrm{T}} + R_{\mathrm{R}} + L\sin\theta_{\mathrm{R}})} \tag{2.2}$$

相关文献介绍的大部分无源探测系统使用全向照射源(方位向),而接收天线通常使用的方向性天线波束也较宽,在几十度量级。这主要是由于在低波段实现高方向性的天线需要较大的物理尺寸。因此,这意味着无源探测接收机可以精确地测量目标到接收机的距离,但对于目标的方位只能得到粗略的结果,甚至只能知道在哪个方位象限。

测量的准确性受相干接收技术的有效性、发射信号的带宽、接收信号的信噪比、传播环境等多种因素影响。

2.3.2 距离分辨率

按照文献[1]采用的方法,传统单基地雷达的距离分辨率由

$\Delta R=c\tau/2$得到，其中，c 为光速，τ 为脉压后的脉冲宽度。这个式子可以重写为 $\Delta R=c/(2B)$，其中 B 为发射信号的带宽。因此，在单基地雷达中可以通过一系列间距为 ΔR 的同心圆将目标分开。

在无源探测系统中，双基地几何构型导致了一组同焦点的椭圆，与单基地雷达的不同之处是在评价无源探测系统距离分辨率时需要额外加以考虑。如果两个目标位于双基地基线的延伸线上，它们在由距离分辨率分开的连续的双基地椭圆上，则它们的可解性与单基地雷达的情况相同（假设带宽也相同）。如果它们在远离基线的任何其他位置，但与双基地角平分线在同一直线上（图2.4），那么其距离分辨率可近似表示为

$$\Delta r=\frac{c}{2B\left(\frac{\cos\beta}{2}\right)} \tag{2.3}$$

然而，这仍然是一种特殊的情况，并在定义双基地距离分辨率时造成了不必要的制约。更一般的情况是两目标不与双基地角平分线共线，那么这种更通用的双基地分辨率近似表达式为

$$\Delta r=\frac{c}{\left[2B\left(\frac{\cos\beta}{2}\right)\right]\cos\varphi} \tag{2.4}$$

式中：φ 为目标间连线与双基地角平分线之间的夹角（图2.4）。

注意：当两个目标在基线的投影上时，式(2.4)退化为与单基地雷达的情况相同。

一般来说，可以从式(2.4)得出结论：双基地雷达几何构型下的距离分辨率比等效单基地雷达情况下要低（假设信号带宽相同）。进一步，可以从式(2.4)得出结论：双基地距离分辨率是目标与发射机及接收机之间相对位置的函数。当双基地半角很小，如进行远程探测或者发射机－接收机的距离很近时，椭圆近似为圆，双基地系统与单基地系统近似。可以借用单基地雷达的概念和工作原理来理解双基地雷达；但同时双基地雷达几何构型带来的优点和区别将被弱化。当双基地角较大，如在短距离探测或基线长度很长时，椭圆的曲率将非常明显。双基地几何构型对检测性能的影响起主导作用，与单基地雷达的区别越

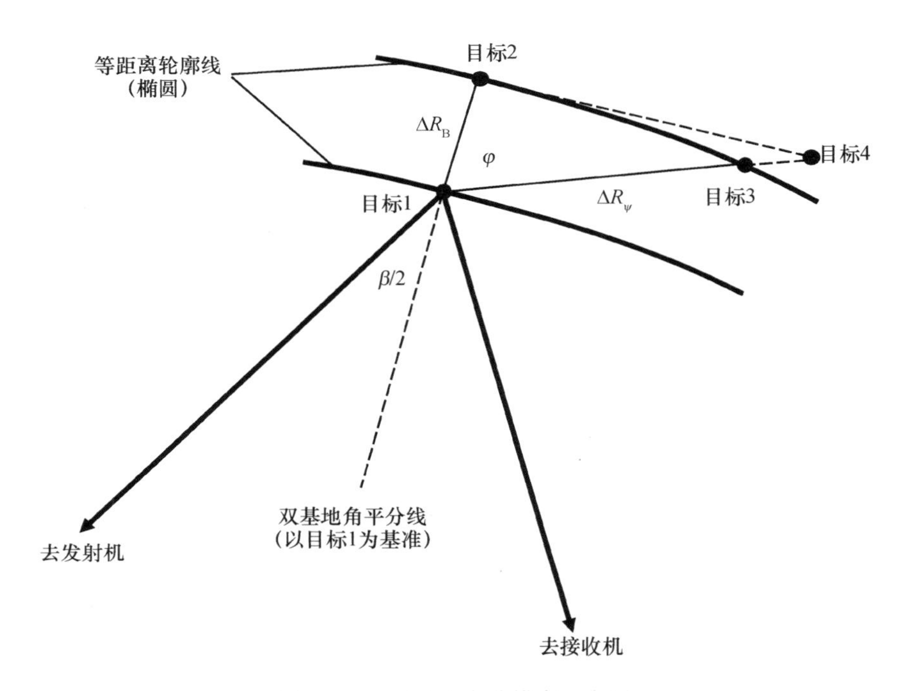

图 2.4　双基地距离分辨率示意图

来越大。

当双基地半角接近 90°时，距离分辨率 ΔR 接近无穷大，也就是说，在这种情况下无法得到距离分辨，这种情况称为前向散射，通常需要单独处理。然而，对于一个无源探测网络来说，即便一个目标进入了发射机－接收机对的前向散射场景，但它仍可以处于另一发射机－接收机对的双基地几何构型中。总的来说，从单基地场景到前向散射几何场景，其分辨率是连续变化的。在实际应用中，可以采用经验法则，分辨率的上限为等效单基地条件下分辨率上限的 2 倍。这样，当前向散射几何占据主导地位时，系统检测可以切换到使用另一发射机－接收机对的条件。更先进的无源探测的概念是试图连续处理数据，而不是考虑将双基地和前向散射几何考虑成两种不同的工作模式来处理。

在无源探测系统中，由于信号带宽的不同，分辨率也会有很大的差别。例如，老式 VHF 模拟信号的典型带宽仅数百千赫，只能提供在数千米量级的距离分辨率。而现代的数字信号，如高清电视信号具有较大的信号带宽，6～8MHz 的带宽可以提供 20m 量级的距离分辨率。高清电视信号通常具有较高的发射功率（在美国可达 1MW），可以比相应的 VHF 信号提供更高的距离分辨率和速度分辨率。当通常的系统不使用接收天线分辨时，这显得尤为重要。而对于 VHF 的情况，将不得不更多地单独依赖多普勒。

2.3.3　多普勒测量

当发射机、目标、接收机都在运动时，回波的多普勒偏移由发射机－目标－接收机路径的变化率得到。如果发射机和接收机均静止，仍参照图 2.3，那么接收到的多普勒偏移为

$$f_{\mathrm{D}}=\frac{2v}{\lambda}\cos\delta\cos(\beta/2) \tag{2.5}$$

由上式可见，如果在前向散射几何场景下目标在双基地基线上运动，则 $\beta=180°$，$f_{\mathrm{D}}=0$，而与目标速度的方向和大小无关。从物理本质上讲，这是可以理解的：当目标在基线上运动时，发射机和目标的距离变化与目标和接收机之间的距离变化方向相反、数值相等。相反，最大多普勒与等距离线的方向正交（如 2.2.3 节中描述的椭圆）。这意味着，在无源双基地系统中，最大的多普勒线将以双曲线的形式出现。与之对应的单基地系统中的等距离线是圆，而最大多普勒线是这个圆的半径。尽管有点复杂，但最大多普勒和等距离线可由数学公式描述，是完全确定的。

对无源探测方程一个很好的验证就是当令双基地角为零时，就退化为单基地的情况。例如，当式（2.5）中的 $\beta=0°$时，就退化为单基地雷达的情况。注意：当 $\delta=\pm\beta/2$ 时，目标朝发射机或接收机方向运动；当 δ 为 ±0°或 180°时，目标沿着双基地角平分线朝基线或远离基线的方向运动。

2.3.4　多普勒分辨率

与单基地雷达一样，多普勒分辨率取决于积累时间 T。积累时间

与多普勒分辨率成反比，也就是说积累时间越长，多普勒分辨率越高。无源探测系统通常采用“凝视”操作，在连续照射目标的基础上连续不断地接收回波。这有利于选择长时间的积累，得到很高的多普勒分辨率。依照 Willis[1] 的方法，可以写为

$$|f_{\text{Tgt1}}-f_{\text{Tgt2}}|=\frac{1}{T} \tag{2.6}$$

式中

$$f_{\text{Tgt1}}=2(V/\lambda)\cos\delta_1\cos(\beta/2),\ f_{\text{Tgt2}}=2(V/\lambda)\cos\delta_2\cos(\beta/2)$$

假设两个目标在同一个位置（图 2.5），并且具有相同的双基地角平分线，则有

$$\Delta V=V_1\cos\delta_1-V_2\cos\delta_2 \tag{2.7}$$

$$\Delta V=\frac{\lambda}{2T\cos(\beta/2)} \tag{2.8}$$

式中：ΔV 为两个目标速度矢量在双基地角平分线投影上的差值，通过其不同的速度可以分辨两个目标。

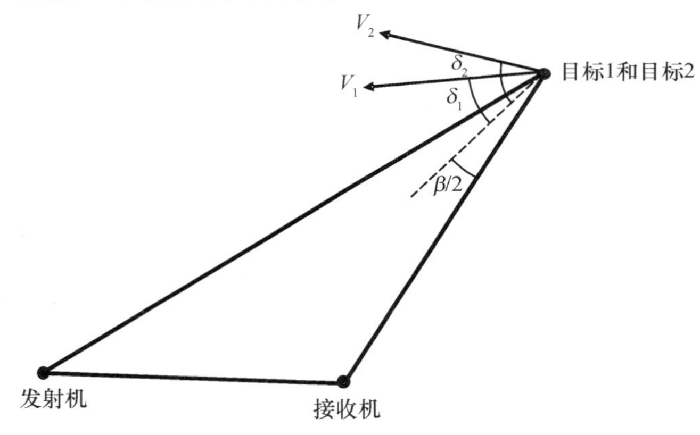

图 2.5　双基地多普勒分辨率示意图

由于无源探测系统通常工作在“凝视”模式，因此积累时间可以选得很长，通常在 1s 量级，可以得到 1Hz 量级的多普勒分辨率。在窄带 VHF 无源探测系统中能够以此消除杂波，并能够分离多个目标。它也有助于克服信号带宽相对缺乏而产生的分辨率较低的问题。而对于

高清电视(HDTV)信号,因为有着更宽的带宽和更高的距离分辨率,所以需要限制积累时间,以避免目标穿越多个距离单元。如果那样,则需要更复杂的处理方法,通过合理的设计来解决跨越距离单元的问题。

可以利用 VHF 和 UHF 信号观察移动部件,如螺旋桨叶片和喷气发动机涡轮叶片的转动的微多普勒反射。图 2.6 显示了使用一对 UHF 数字电视信号双基地无源探测系统检测到的一架 Cirrus SR22 螺旋桨飞机的特征。距离 - 多普勒图上显示飞机的飞行速度约为 65m/s,双基地距离约为 4km。由螺旋桨桨叶引起的微多普勒散射表现为飞机回波的边带,边带的间距提供了螺旋桨旋转速率的信息。另外注意到,杂波的空间范围约为 1km,多普勒展宽约为 ±20m/s。多普勒展宽主要是由地面移动目标和零多普勒地面杂波泄漏共同产生。这个例子中的积累时间约为 0.1s,提供了约 10Hz 的多普勒分辨率。这使得飞机上旋转目标产生的散射具有显著的增益,能够较容易地在图 2.6 中识别出来。

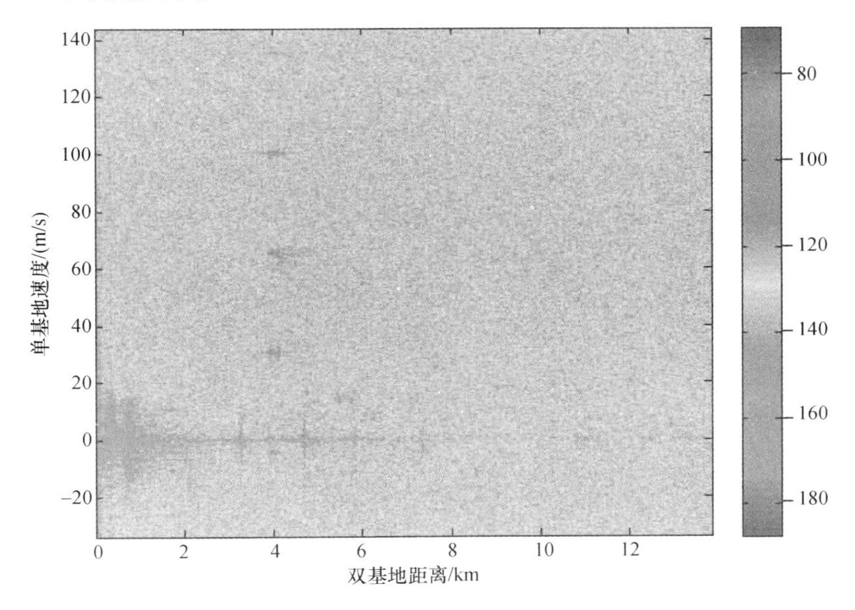

图 2.6　Cirrus SR22 螺旋桨飞机产生的回波

2.4 多基地无源探测系统的距离和多普勒

多基地无源探测系统具有在多个不同位置上分布的多个发射机和接收机。无源探测系统网络将多个双基地探测系统对同一目标不同方面的测量结果组合起来,以得到更好的测量结果。这样的网络可以拆分成一系列互连和相互协作的双基地单元,可以应用本章前面所描述的距离和多普勒,这样就可以根据需要设计出系统的最佳性能。

图 2.7 展示了具有 2 个发射机和 1 个接收机的无源探测系统网络。由于每一个双基地系统能够提供对同一目标不同视角的探测,因此多基地系统能够同时提供多个双基地距离、多普勒和角度分辨率的视角(在本例中为 2 个)。由 2.3.1 小节可知,接收机到目标的距离由发射机 - 接收机对以及通过时延 Δt 求解发射信号和接收信号之间的方程 $|R_{\mathrm{T}}+R_{\mathrm{R}}|-L=c\Delta t$ 得到。

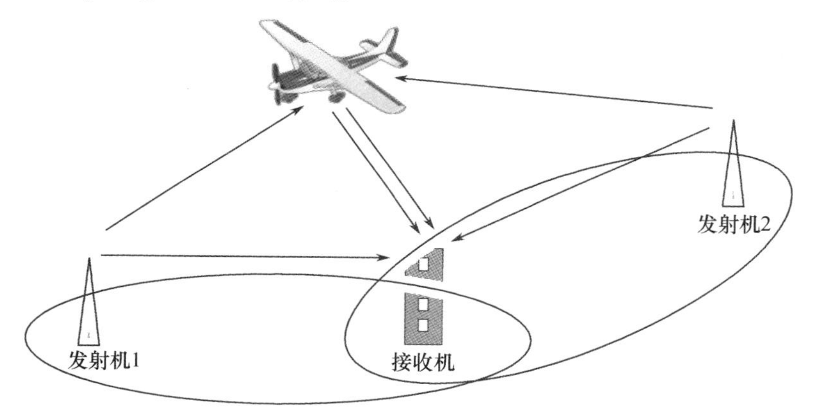

图 2.7 多基地探测系统(具有 2 个发射机和 1 个接收机)

为了将多基地无源探测系统的灵敏度最大化,有必要将每个双基地单元接收到的信号进行相参合成,这些信号随着时间的推移随目标位置的变化而变化,因此可以计算出每个双基地对的相位变化。假设每个通道接收到的信号可以相参合成,那么基带信号可以写为

$$s_r(t) = \sum_{n=1}^{N} A_n \exp[-\mathrm{j}\Phi_n(t)] = \sum_{n=1}^{N} A_n \exp\left\{-\mathrm{j}\frac{2\pi f[R_{T,n}(t) + R_{R,n}(t)]}{c}\right\} \tag{2.9}$$

式中：N 为通道数；A_n为第 n 通道回波信号的幅度；Φ_n为第 n 通道回波信号相位的函数；$R_{T,n}(t) = |R_{T,n}(t)|$为第 n 个发射机到目标的距离；$R_{R,n}(t) = |R_{R,n}(t)|$为第 n 个接收机到目标的距离。

无源探测网络的相参合成较为复杂，由于发射信号通常不是为同步操作设计的，因此相参合成不是必需的。然而，在单频工作的发射网络中有可能做到这一点。当采用频率间隔较大的发射信号时，独立的距离和多普勒测量仍可以融合以提供对目标检测和定位的额外信息，这个课题仍在研究中。

如前所述，喷气式发动机飞机、螺旋桨发动机飞机和直升机等目标由于旋转部件或运动部件的调制产生微多普勒。合成的基带信号对时间求导可以得到多基地微多普勒的表达式，即

$$f_{\mathrm{mD_{Multi}}}(t,P) = \sum_{n=1}^{N} A_n f_{\mathrm{mD_{Bi}}}(t,P) \tag{2.10}$$

在多基地配置中，每一个节点有着其独立的发射机、接收机及每个目标的几何构型。因此，多基地拓扑结构确定了多基地微多普勒特性，节点数目以及这些节点之间角度的组合确定了目标微多普勒信号的特征。但是应该指出，多基地多普勒通常比相应的单基地多普勒小，这会降低无源探测系统中的观测细节，并且使得微多普勒成为几何构型的函数。更进一步，在无源探测系统中常用的 VHF 和 UHF 波段波长较长，意味着目标产生的微多普勒信息比采用更高发射频率产生的微多普勒信息少。

2.5　多基地目标定位

多基地目标定位是无源探测系统性能的重要方面，是在无源探测系统中必须小心处理的环节。如在前面部分提到的，由于许多发射机是全向的，这个问题尤为重要。这意味着，仅接收的情况下完成定位可

能需要高增益天线,使得在低频时需要较大的物理尺寸。另一种方法是使用带辅助天线的低增益接收天线,并采用方向性天线或到达时间差技术进行测向。较宽的发射和接收波束的组合意味着不能从角度上分辨目标,尤其是存在大量的目标时容易导致模糊。

实际上,无源探测系统的可靠性和精度可以通过利用多个发射机得到显著的改善;此外,也可以利用多个接收机得到同样的效果。采用全向发射天线和接收天线的双基地探测系统测得的目标定位信息是模糊的,被限制在焦点分别是发射机和接收机的椭圆上。然而,第二个双基地对也将以同样的方式提供距离的测量。代表每个双基地对模糊距离的 2 个椭圆的交点将排除距离上的模糊,使得能够对目标正确定位,这在第 6 章有详细的介绍。如果采用 3 个或多个发射机,那么对目标的定位和联合测量的问题将变得简单。在无源探测系统中较为常见,特别是在人口稠密的城市地区,可以使用多个发射机。如果不是这种情况,那么仍可以采用多个接收机实现。例如,采用 3 个发射机照射同一目标,3 个椭圆通常只相交于一点,即使没有方位测量信息,也很容易找到目标的位置。问题在于找到 3 个或更多个椭圆(每个发射机 1 个)相交的位置。这在采用 HDTV 信号时较为容易,因为较宽的带宽和相应的高分辨率可以更好地区分距离相近的目标,因此可以减少模糊。但是总的来说,对这个问题没有现成的解决方案,各个系统倾向于根据实际情况采用适合的方法。

2.6 双基地探测的距离方程

雷达距离方程是雷达设计中一个有用的工具,它将检测性能和主要的工作参数以简明的方式连接起来。但应注意雷达距离方程应仅作为指导,是更详细设计的开始。

在介绍双基地和多基地探测方程之前,先简要介绍无源探测系统的关键部件(在第 3 章将详细介绍)。它们与外辐射源发射的信号形式和组成有关:覆盖范围(如外辐射源照射的面积或空域)、发射功率及波形设计。

覆盖范围、发射功率与波形设计共同提供检测和目标跟踪的信息基础，它们都非常依赖特定的发射机。发射机不同，其结果也很不同。例如，VHF 和 UHF 波段信号通常用于无源探测系统，因为它们的功率都很大，典型值为 10kW ~ 1MW。另外，如前所述，它们在方位上是全向的，而在仰角上功率通常偏向地面。这对检测在雷达盲区内飞行的低空目标是有好处的。如果没有足够的向上发射的信号以在较远距离上检测巡航高度上的飞机，就不具有吸引力了。虽然 VHF 和 UHF 波段发射机的覆盖范围和功率水平类似，但其波形的设计非常不同。它们都是连续波（CW），但频率和调制形式非常不同。VHF 波段信号的频率通常为 80 ~ 110MHz，而 UHF 信号的频率通常为 200 ~ 800MHz。VHF 波段的信号通常是模拟信号，虽然在美国和加拿大也有模拟 - 数字混合广播。它们的频谱很窄，带宽为 200 ~ 400kHz。UHF 数字电视如同它的名字描述的那样是数字的，带宽通常为 6 ~ 7MHz，能够提供大约 25m 的距离分辨率。雷达应用中波形的适用性在一定程度上也是由调制结构决定的，这可以用双基地形式的模糊函数表示。进一步的细节在第 3 章中考虑。

由于不同国家的广播信号有着不同标准，因此使用的频率和带宽分布在一定的范围内。根据安装位置和要接收的客户的需求，功率水平会有所不同，照射源的类型也会不断变化。最近，在欧洲以及中国和澳大利亚的部分地区，广播内容越来越多地以数字音频广播（DAB）的形式出现。DAB 在174 ~ 240MHz的波段中传输，并且有一些变体。它的功率水平通常比 VHF FM 收音机低，因为数字编码在接收后使灵敏度得到改善。数字编码采用正交频分复用，约有 1.5MHz 的带宽，可提供最高约 100m 的距离分辨率。

现有雷达系统提供了一种非常不同的照射源。例如，在发达国家有着为空中交通管理和防空提供服务的雷达网络，它们的辐射经过专门的设计照射天空以提供广域的覆盖范围。它们的发射功率高，波形完全适合探测使用。然而，这些雷达通常是机械扫描的，这对用于构成无源探测的远程接收机提出更严格的要求。如果接收机使用全向天线，则这些要求可以放宽，但以系统灵敏度（0dB 接收天线增益）和更高的模糊可能性为代价（无方位角分辨率）。

一般来说，潜在照射源都有优点和缺点。寻找是否有可用的照射源与所需的应用相匹配应具体问题具体分析。此外，电磁频谱的使用也在不断变化，这意味着无源探测系统的设计应该避免依赖任何特定的信号。事实上，没有理由选择单一的发射机类型，例如完全可以使VHF 与 UHF 波段同时工作，并提供额外的设计自由度以增强性能。

最后还必须记住，外辐射源通常是由第三方设计和安装的，因此无源探测系统的这一部分通常不能任意调整，不能提供可确保的辐射。这是设计制约的一个重要方面，必须仔细考虑无源探测系统对任何给定应用适用性的评估。这一制约也会冲淡无源探测系统设计师使用多基地、多频发射机网络带来的优点。

一旦确定了可用发射机的属性，探测方程就可以像其他任何形式的雷达一样把主要的设计参数与预期的性能联系起来。单发单收无源探测系统性能分析的出发点是双基地探测方程的基本形式：

$$\frac{P_R}{P_n}=\frac{P_T G_T}{4\pi R_T^2}\cdot\sigma_b\cdot\frac{1}{4\pi R_R^2}\cdot\frac{G_R\lambda^2}{4\pi}\cdot\frac{1}{kT_0BF} \tag{2.11}$$

式中：P_R为接收到的信号功率；P_n为接收机噪声功率；P_T为发射机功率；G_T为发射天线增益；R_T为发射机 - 目标的距离；σ_b为目标的双基地雷达反射截面积；R_R为目标 - 接收机的距离；G_R为接收天线增益；λ 为信号波长；k 为玻耳兹曼常数，$k\approx1.38\times10^{-23}$J/K；$T_0$为噪声参考温度，$T_0=290$K；$B$ 为接收机等效带宽；F 为接收机等效噪声系数。

式(2.11)还可修正为包括插损、方向图传播系数、处理增益的形式，但简单的形式说明了它的基本属性和依赖关系。

式(2.11)中的系数$\left(\frac{1}{R_T^2R_R^2}\right)$意味着：当 $R_T=R_R$时，信噪比最小；当目标离发射机很近，或者离接收机很近时，信噪比有最大值。$\left(\frac{1}{R_T^2R_R^2}\right)$为恒定值的等值轮廓线及其相应的信噪比确定了几何图形卡西尼卵型线[1-2]。图 2.8 是无源探测系统卡西尼卵型线的示例。这里假设基于全向发射和接收天线；对于定向天线，等值轮廓线由天线方向图加权，并且形状可能完全不同。

应该指出，描述恒定信噪比的卡西尼卵型线和描述恒定距离等值线的椭圆线意味着信噪比和目标位置之间的关系不再像单基地雷达情

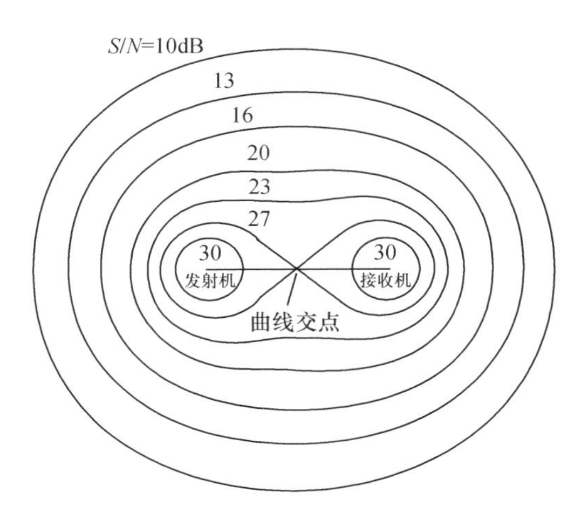

图2.8　表示恒定信噪比等值线的卡西尼卵型线[1]

况下一一对应。情况虽然复杂了一些,但是完全确定的。

基本形式的探测距离方程式(2.10)可以通过添加插损、发射机到目标以及目标到接收机的方向图传播因子、合适的积累增益来修正。在VHF和UHF波段的接收机噪声系数F一般在几分贝量级,所以噪声电平主要受外部噪声的影响,最有可能是直达波信号、多径信号和其他同信道信号。

除非采取措施来抑制这些信号,否则系统的灵敏度和动态范围将受到严重限制(在第4章中有更详细的讨论)。大功率的VHF和UHF发射机使得对大型飞机的检测距离可达数百千米甚至更多。方程式(2.11)可用于所有类型照射源的性能预测。但是,对于无源双基地探测系统,还需要考虑一些不确定因素。最重要的是目标双基地散射的大小和形态,这是探测距离方程的关键组成部分。

2.7　双基地目标特征和杂波特征

通常,给定目标的双基地雷达截面积与其单基地雷达截面面积不同,不过对于非隐身目标这些值是可比的,在同一数量级。然而像飞机这样的复杂目标将以各种角度散射入射波，因此双基地雷达截面积高度依赖于目标类型和双基地几何构型。在双基地探测的历史早期，文献[3]提出了双基地等效定理。这个等效定理表明，只要目标足够光滑，目标的一部分不会被另一部分遮蔽，并且反射面是角度的函数持续存在，对于给定目标，在双基地角 β 处的双基地雷达截面积等效于在双基地角平分线上测量的单基地雷达截面积，在频率上要降低一个系数 $\cos(\beta/2)$。在实践中，这些条件可能并不总是得到满足，所以该定理应该小心使用，特别是针对大的双基地角和复杂目标。但是，作为雷达方程计算的起步，它应该是足够的。

双基地可用于对抗隐身技术。这是因为隐身技术设计用于对抗单基地雷达，是通过部分减小在入射波辐射方向上的目标反射来实现的。由于一些能量必须以其他角度分散，可能会给双基地配置带来一些优势。此外，尤其在 VHF 波段中的较低频率也可用于隐身对抗，因此无源探测系统可能会得到双重优势。

为了进一步了解单基地散射和双基地散射之间的差异以及几何构型起到的重要作用，现在考虑一些使用简单类型散射体的小例子。许多实际目标包括平板、二面角和三面角散射体的组合，与双基地雷达截面积相比，可能导致较大的单基地雷达截面积。下面利用一个简单的方形平板目标来说明肯定存在的散射强度的差异。

图 2.9 显示了 2 个单基地雷达照射平板目标的几何构型，使得双基地发射机和接收机对处于入射角等于反射角的镜面条件下。对于单基地雷达，当雷达在垂直于平板平面的方向上照射时，雷达反射横截面最大。当平板从垂直面旋转开时，雷达反射截面积从最大值开始逐渐减小，下降为最大接收功率的 1/2(3dB)时的角度约为 λ/d，其中，λ 为雷达波长，d 为方形板的边长。当平板旋转到远离垂直位置较大角度时，反射波的散射强度继续快速下降，然后其下降量以 sinc 函数的形式起伏(同样对于均匀照射天线)。除了在镜面反射条件下(图 2.9)，对于双基地照射条件，接收信号的强度总是很小的；与单基地情况相比，还会产生非常不同的响应函数。图 2.10 显示了以与垂直平面成 19°的角度照射平板时，双基地散射比单基地散射大得多。然而，在实际情况中达到镜面条件的可能性相当低，一般说来，目标的双基地雷达

截面积小于单基地雷达截面积。

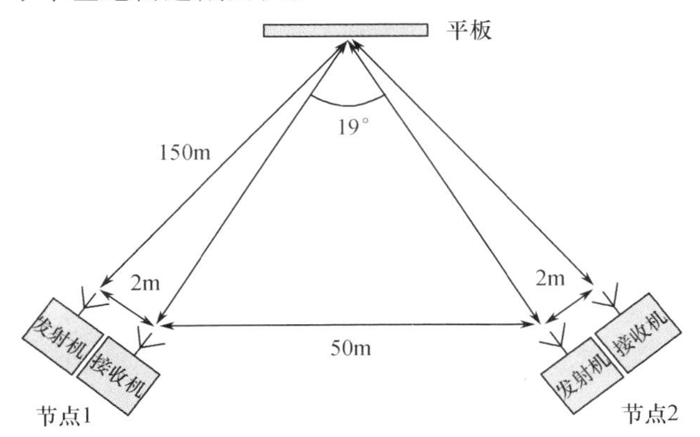

图 2.9　2 个单基地雷达构成双基地测量的几何构型

注:平板需要旋转 19°(无论往哪个方向)使得单基地回波响应最大。

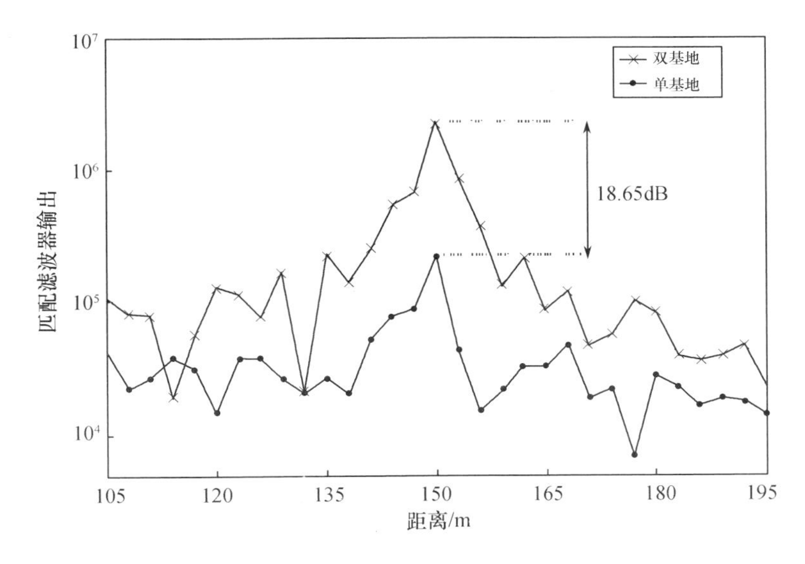

图 2.10　从 19°角观察平板的单基地雷达截面积和镜面条件下的双基地雷达截面积

考虑用圆柱形目标替换平板目标。无论照射的几何构型如何,对双基地和单基地雷达的响应都是相同的。总而言之,这两个使用非常简单目标的例子说明了不同情况下目标散射特性的巨大差异，对于更为复杂的真实目标，其散射的差异性将更为显著。除了某些特例外，如舰船目标，对实际目标的双基地雷达横截面的测量非常罕见。这些测量结果与散射的复杂度预期一致。图 2.11① 显示了一个较少见的例子，比较舰船目标单基地目标特性和双基地目标特性的公开数据[4]。它的几何构型是用了一个地基单基地雷达，再用一个接收机构成双基地，探测目标是海上的船只。

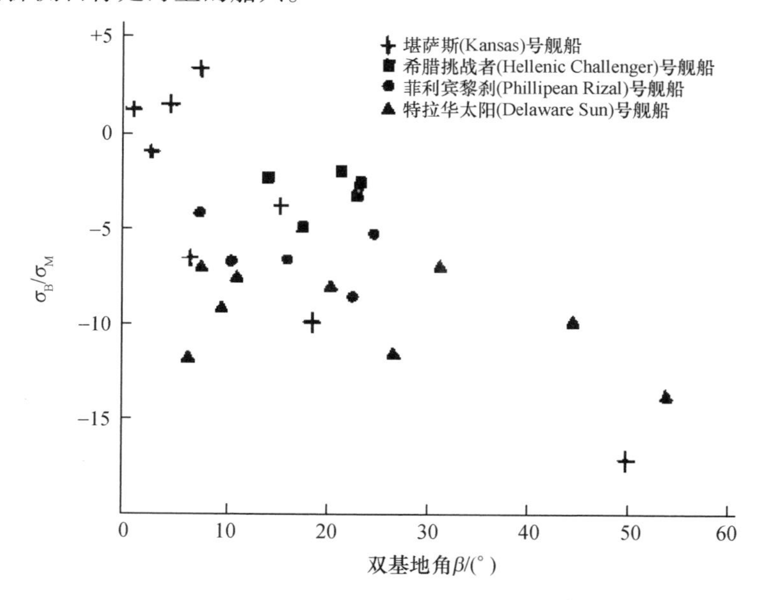

图 2.11　4 艘舰船目标以双基地角为函数的双基地雷达截面积与单基地雷达截面积的比值

图 2.11 显示了对 4 艘船探测的结果。从图中可以看到，双基地雷达截面积通常小于单基地雷达截面积，并且这种差异随着双基地角度的增加而增加。因此，当使用雷达距离方程计算性能时，应谨慎使用一定范围的雷达截面积值来表示当目标在监视区域内移动时几何变化导致的性能变化范围。虽然这些测量是在 X 波段使用专用照射源进行

① 原文误为图 2.7。——译者注

的,但总的来说,这些趋势显示了对无源探测系统的一般预期。然而,有关使用无源探测系统的双基地雷达截面积测量的报道非常少,这是目前对无源探测系统知之甚少的一个方面。有关统计目标模型的文献也很少发表,即便如此,众所周知的Swerling模型仍可用于计算检测概率和虚警概率。

闪烁是目标(及杂波)的散射现象,在双基地几何中可能大大减少,其原因来自于对上述双基地散射的基本理解。闪烁是由目标散射体的回波在波前方向上相长干涉或相消干涉引起的,因此它往往被较强的回波主导。然而,正如人们所看到的那样,双基地雷达截面积通常比它们的单基地雷达截面积要小,因此预期闪烁也会减少。不过同样地,支持这一论点的实验证据是不足的,也缺乏对无源探测明确结果的报道,实际上只有在文献[1]中有一个例子。

有谐振散射、镜面散射和前向散射三种机制可以在特定条件下增强目标的双基地雷达截面积,前两个在单基地几何中也是有效的。

当目标的物理尺寸(如发动机的长度或飞机机头与机翼根部之间的距离)对应于雷达半波长的整数倍时会发生谐振散射,通常也可以参考导电球体散射对频率依赖关系的经典理论。一般来说,这种影响取决于频率和目标两个方面。例如在VHF波段波长约为几米,如上所述的大尺度特征很容易会产生谐振。在UHF波段,波长可能在30~150cm之间变化,相应的小尺度物体会产生谐振,一般而言雷达截面积值也要小一些。在更高的频率下,谐振效应不再成为确定目标后向散射的主要因素。

如上所述,如果目标具有特定的平面特征(如镜面反射),则会发生镜面散射。然而,这种散射依赖所遇到的镜面条件,因此比较少见和随机。

当目标穿过发射机和接收机之间的基线时,就会出现如前所述的前向散射。根据巴比内(Babinet)原理,给定轮廓面积的目标衍射的信号与发射机和接收机路径之间垂直的无限屏幕上目标孔径衍射的信号幅度相等,但是相位相反。通过一个给定形状和面积的孔径,很容易计算出信号衍射,从而直接确定前向散射雷达截面积值。对于轮廓区面

积为 A、尺度为 d 的目标，其前向散射雷达截面积近似为 $\sigma_{FS}=\dfrac{4\pi A^2}{\lambda^2}$ (m^2)，前向散射的角宽度近似为 $\theta_B \approx \dfrac{\lambda}{d}$ (rad)。图 2.12① 中绘制了一个 $A=10m^2$，$d=10m$（中型飞机）的目标，可以看出向前散射雷达截面积远大于等效的单基地雷达截面积（对于这个目标可能是 $10m^2$）。虽然这种几何构型可以提供良好的检测性能，但是目标定位能力比较差，因为当目标接近基线时，距离和多普勒分辨率都会很差。这一点在接下来的章节通过对双基地模糊函数的分析研究进一步拓展。

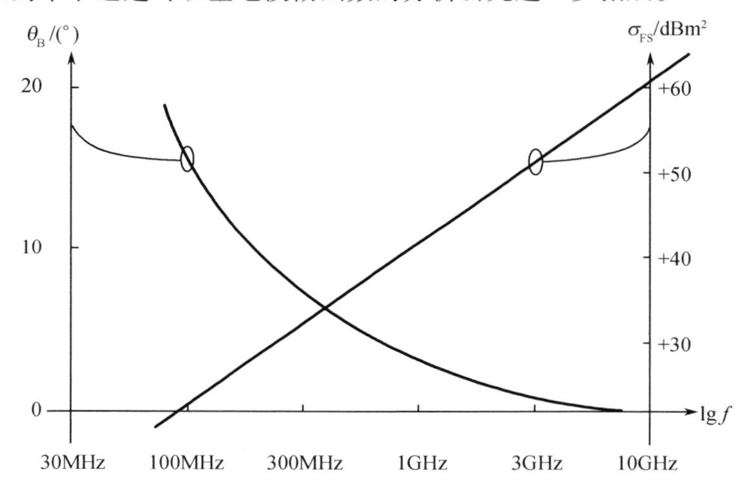

图 2.12　一架理想中型飞机（$A=10m^2$，$d=10m$）的前向散射面积 σ_{FS} 和散射角宽度 θ_B 之间的关系

从图 2.12 可以看出，在一个相当宽的视角范围内，提供较大雷达截面积的最佳频率在 300MHz 以上，就在 UHF DTV 波段的中间。图 2.12是基于一个非常简单的前向散射情形而构造的，并且可以在很宽的频率范围内容易地观察到雷达截面积的增强。由于无源探测系统通常由许多双基地对组成，目标穿过基线的可能性相当高，因此，对于任何给定的发射机和接收机位置以及目标的轨迹都必须仔细考虑。以

① 原文误为图 2.6。——译者注

一个地面发射机为例,它的频率为 350MHz,接收机与发射机的基线为 50km。一架飞机在 10km 的巡航高度飞越发射机与接收机之间的基线,如图 2.12 所示,当飞机穿过基线时,会在接收机处产生一个超过 20°的观测角,将其置于可观察区域之外。因此,使用地面发射机和接收机的前向散射可能更适合探测低空飞行的飞机,这使防御或安全应用对此有很高的兴趣。特别是鉴于可能存在显著的雷达截面积增强功能,该功能会反制传统的隐身技术。

最后,应该提到杂波的作用。将杂波定义为不需要的反射,我们既要了解杂波的特性也要能够消除杂波。目前,在无源探测系统中,还没有对杂波的全面理解,合适的模型尚待开发。同样,虽然可以借用双基地几何的概念,但是现有双基地操作的少数报道结果[6]并未涵盖无源探测中常用的频率(VHF 和 UHF)。如图 2.6 所示,杂波,尤其在近距离内的杂波具有回波的强度,会抑制对目标有效的检测。与任何形式的雷达一样,在无源探测系统的性能建模和信号处理设计中都必须理解和考虑杂波。

2.8　总　　结

本章介绍了无源探测的基本原理,通过与距离方程相结合,将它们的工作参数与检测性能联系起来。本章强调了直达波信号抑制的重要性,而对来自目标的双基地散射(以及杂波)的阐述则少一些。另外,可以看到,双基地雷达系统的性能受照射源选择的影响很大,具体包括发射频率、覆盖范围和波形调制。尽管使用现有照射源是一个限制,但是无源探测系统已经成功地设计、建造,并证明具有相当高的性能水平。它们相对简单、成本低、频谱利用率高,已成为人们关注的焦点。然而,对双基地探测系统的了解远不如对单基地雷达系统的了解深入,在设计和操作上也有一些特殊的差异。这些差异构成了以下章节的主题,在这些章节中将对这里介绍的主题进行更详细的研究。

参考文献

[1] Willis, N. J., *Bistatic Radar*, 2nd ed., Silver Spring, MD: Technology Service Corp., 1995; corrected and republished by Raleigh, NC: SciTech Publishing, 2005.

[2] Jackson, M. C., "The Geometry of Bistatic Radar Systems," *IEE Proc.*, Vol. 133, Pt. F, No. 7, December 1986, pp. 604–612.

[3] Kell, R. E., "On the Derivation of Bistatic RCS from Monostatic Measurements," *Proc. IEEE*, Vol. 53, August 1965, pp. 983–988.

[4] Ewell, G. W., and S. P. Zehner, "Bistatic Radar Cross Section of Ship Targets," *IEEE J. Oceanic Engineering*, Vol. OE-5, No. 4, October 1980, pp. 211–215.

[5] Born, M., and E. Wolf, *Principles of Optics*, 6th ed., London, U.K.: Pergamon Press, 1980, p. 559.

[6] Weiner, M., "Clutter," Ch. 9 in *Advances in Bistatic Radar*, N. J. Willis and H. D. Griffiths, (eds.), Raleigh, NC: SciTech Publishing, 2007.

第 3 章　照射源特性

照射源的选择是决定无源探测系统性能的关键因素。在评估照射源的效用时需要考虑三个因素:一是照射源在目标处的功率密度(W/m²),这对于系统的检测性能非常重要,在第 2 章和第 5 章有所讨论;二是波形的性质;三是覆盖范围。

3.1　模糊函数

包括雷达信号在内的各种信号都可以表示为时间或频率的函数,这两种表示可以通过傅里叶变换相互转换。一个域中的重复特性将导致另一个域中突出的特性。探测波形的性能是由其模糊函数划分的。英国数学家菲利普·伍德沃德(Philip Woodword)在 20 世纪 50 年代首先提出了模糊函数的概念,将它定义为发射信号 $s(t)$ 的匹滤波器输出的平方,表示雷达对点目标的响应,是时延 T_R 和多普勒频移 f_D 的函数:

$$|\psi(T_R, f_D)|^2 = \left|\int_{-\infty}^{+\infty} s_t(t)\ s_t^*(t + T_R)\exp[\mathrm{j}2\pi f_D t]\,\mathrm{d}t\right|^2 \tag{3.1}$$

模糊函数峰值的宽度表明雷达在距离和多普勒上的分辨率,波形的周期性会在模糊函数中表现为旁瓣结构或其他形式的模糊。在常规脉冲雷达中,与脉冲重复频率(PRF)相关的距离和速度模糊间隔可以分别表示为 $c/(2\text{PRF})$ 和 $(\lambda\text{PRF})/2$。

3.1.1　双基地探测系统的模糊函数

在双基地探测系统中,模糊函数不仅取决于波形,还取决于双基地几何构型,即目标相对于发射机和接收机的位置。在发射机和接收机之间的基线上没有分辨率,因为回波与直达波信号同时到达接收机而与目标位置无关。还有在多普勒上也没有分辨率,因为对于一个穿越基线的目标,发射机到目标距离的变化率与目标到接收机距离的变化率相等但方向相反,因此不管目标速度是多少,多普勒频移都是零。同样,与单基地雷达相比,在双基地探测系统中,目标距离和时延之间以及目标速度和多普勒频移之间的线性关系更为复杂。

这些因素意味着在双基地探测系统中,模糊函数依赖于更多的变量,而应写为[2]

$$
\begin{aligned}
&|\psi(R_{\mathrm{RH}},R_{\mathrm{Ra}},V_{\mathrm{H}},V_{\mathrm{a}},\theta_{\mathrm{R}},L)|^2\\
&=\left|\begin{array}{l}\int_{-\infty}^{+\infty} s_{\mathrm{t}}(t-\tau_{\mathrm{a}}(R_{\mathrm{Ra}},\theta_{\mathrm{R}},L))\ s_{\mathrm{t}}^{*}(t+\tau_{\mathrm{a}}(R_{\mathrm{RH}},\theta_{\mathrm{R}},L))\\ \times\exp[\mathrm{j}2\pi f_{\mathrm{DH}}(R_{\mathrm{RH}},V_{\mathrm{H}},\theta_{\mathrm{R}},L)-2\pi f_{\mathrm{Da}}(R_{\mathrm{Ra}},V_{\mathrm{a}},\theta_{\mathrm{R}},L)t]\mathrm{d}t\end{array}\right|^2
\end{aligned}
\tag{3.2}
$$

式中:R_{RH}、R_{Ra}分别为接收机到目标的假设距离和实际距离;V_{H}、V_{a}分别为相对接收机假设的和实际的目标径向速度;f_{DH}、f_{Da}分别为假设的和实际的多普勒频率;θ_{R} 为目标回波的北向参考;L 为基线长度。

实际的无源探测系统需要考虑目标位于基线的情况。但由于这种情况是确定性的,如果一个目标被多对双基地发射机—接收机检测和跟踪,当目标接近基线时就可以识别出这对发射机—接收机,来自它们的信息或被丢弃或在形成跟踪轨迹时适当地加权(这些内容将在第6章中介绍)。

通过对接收信号的数字化,可以很容易地测量和画出无源探测系统潜在候选照射源的模糊函数,这已经在许多研究文献中有介绍[3-5]。这种测量通常使用零扫描模式下的频谱分析仪,把它作为通用接收机或软件定义无线电模块使用。在所有情况下,这样给出的是单基地模糊函数。

图3.1给出了典型的结果:距离模糊函数的峰值宽度与瞬时波形带宽 B 有关,所以 $\Delta R=c/B$,多普勒宽度 $\Delta f_{\mathrm{D}}=1/T$,其中 T 为积累时间,在实际中目标相参时间是有限的,这部分内容第5章中详细描述。

图3.1(a)显示了用语音调制广播信号的超高频(VHF)FM广播电台(BBC Radio 4)的模糊函数。尽管调制低频分量低,峰值相对较宽,但峰值和旁瓣结构还是比较明确的。图3.1(b)显示了具有快节奏爵士音乐调制(Jazz FM)的FM广播电台的相应结果。由于调制中的高

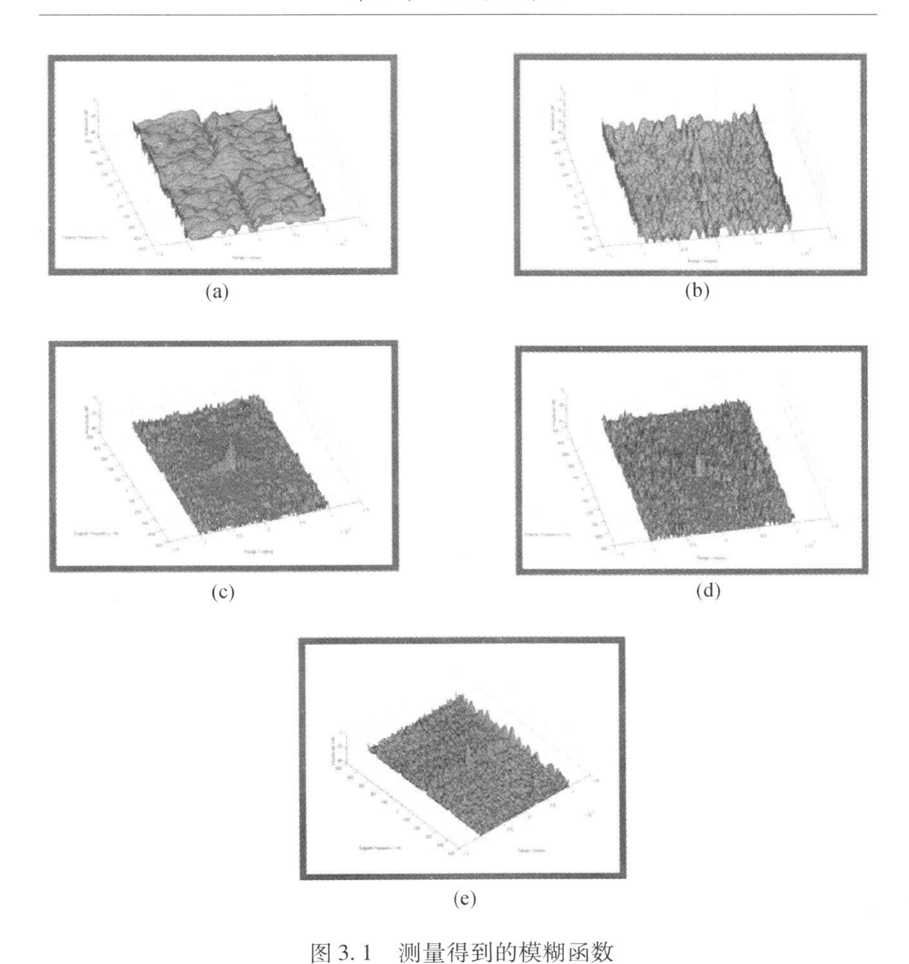

(a) (b) (c) (d) (e)

图3.1 测量得到的模糊函数

(a)VHF FM BBC Radio 4(语音);(b)VHF FM Jazz FM(快节奏爵士音乐);
(c)222.4 MHz的数字音频广播(DAB);(d)505 MHz的数字视频广播(DVB－T);
(e)944.6 MHz的GSM900。

频分量更多,因此峰值和旁瓣结构相应更加尖锐。在这两种情况下,模糊函数的基底比相参波形模糊函数的基底要低$(B\tau)^{\frac{1}{2}}$,而不是预期的$B\tau$。

图3.1(c)~(e)显示了数字传输波形的典型模糊函数(对应于DAB、DVB－T、GSM)。由于其模糊函数的峰值较窄,旁瓣较低,因此这

些函数比模拟调制信号(图3.1(a)、(b))更利于无源双基地探测。此外,它们的形式在时间上保持不变,不依赖于节目或信息内容。

表3.1总结了各种照射源的特性。在每一种情况下,功率密度都是发射机到目标距离的典型值下计算的,并且假定自由空间视距传播。与单基地雷达相同,距离分辨率取决于信号带宽(尽管也由双基地几何构型决定),每种信号的典型带宽在第三列给出。

表3.1 典型无源双基地探测系统外辐射源的参数[6]

传输类型	频率	调制类型及带宽	P_tG_t	功率谱密度① Φ
短波广播	10~30MHz	双边带AM,9kHz	50MW	$-67 \sim -53$dBW/m^2 ($R_T=1000$km)
VHF FM	88~108MHz	FM,200kHz	250kW	-57dBW/m^2($R_T=100$km)
模拟电视	~550MHz	残留边带AM,5.5MHz	1MW	-51dBW/m^2($R_T=100$km)
DAB	~220MHz	数字,OFDM,220kHz	10kW	-71dBW/m^2($R_T=100$km)
DVB-T	~750MHz	数字,6MHz	8kW	-72dBW/m^2($R_T=100$km)
移动通信基站(GSM)	900MHz,1.8GHz	GMSK,FDMA/TDMA/FDD,200kHz	100W	-71dBW/m^2($R_T=10$km)
移动通信基站(3G)	2GHz	CDMA,5MHz	100W	-71dBW/m^2($R_T=10$km)
WiFi 802.11	2.4GHz	DSSS/OFDM,5MHz	100mW	-41dBW/m^{2}②($R_T=10$m)
WiMAX 802.16	2.4GHz	QAM,1.25~20MHz	20W	-88dBW/m^2($R_T=10$km)
GNSS	L波段	CDMA,FDMA,1~10MHz	200W	-134dBW/m^2(地表)

（续）

传输类型	频率	调制类型及带宽	$P_t G_t$	功率谱密度① Φ
DBS TV	Ku 波段 11～12GHz	模拟和数字	300kW	-107dBW/m^2（地表）
星载 SAR	9.6GHz	线性调频脉冲，400MHz(max.)	28MW	-54dBW/m^2（SAR，③地表）
① 假设为自由空间视距传播； ② 由于通过墙壁传播会受到额外的衰减； ③ 来自 COSMO－SkyMed 系列的合成孔径雷达卫星[7]				

3.1.2　FM 无线电广播信号的带宽扩展

尽管与单个 FM 无线电频道带宽相对应的距离分辨率相当低（$B=50\text{kHz}$ 对应 $c/2B=3\text{km}$，并且根据节目内容，实际值可能更低），但是可以利用由单个发射机的多个广播频道实现更高的分辨率。这个概念最初由 Tasdelen 和 Köymen[8]提出，使用 7 个相邻的 FM 频道将距离分辨率提高了约 3 倍，尽管以引入一些距离模糊为代价。

Bongioanni[9]、Olsen[10-12]和 Zaimbashi[13]进一步研究了这个想法，并通过实验验证了其有效性。Olsen 使用的基本处理方案如图 3.2 所示，使用两个接收机，一个用于接收直达波信号，另一个用于接收目标回波。在每个接收机中对整个频带数字化，并且对每个 FM 频道进行滤波，然后上变频为间隔 Δf 的相邻信道，最后执行互相关操作。文献[12]中的结果表明，可以获得高达 375m 的距离分辨率，尽管结果仍然取决于各个台站的带宽（并因此取决于节目内容）。

由于信道具有不同的载波频率，对于给定目标速度的多普勒频移在每个信道都是不同的，在实际应用中限制了相关积累时间。Olsen 的算法弥补了从同一目标不同载波频率产生的不同多普勒频移以及独立的相位项，实现稳定的相关积累，从而获得增益和多普勒分辨率。该工作进一步扩展以应对距离徙动[14]，并使用 3 个 DVB－T 通道（不相邻且间隔不等）的数据进行了演示，实现了连续 4s 的相关积累。

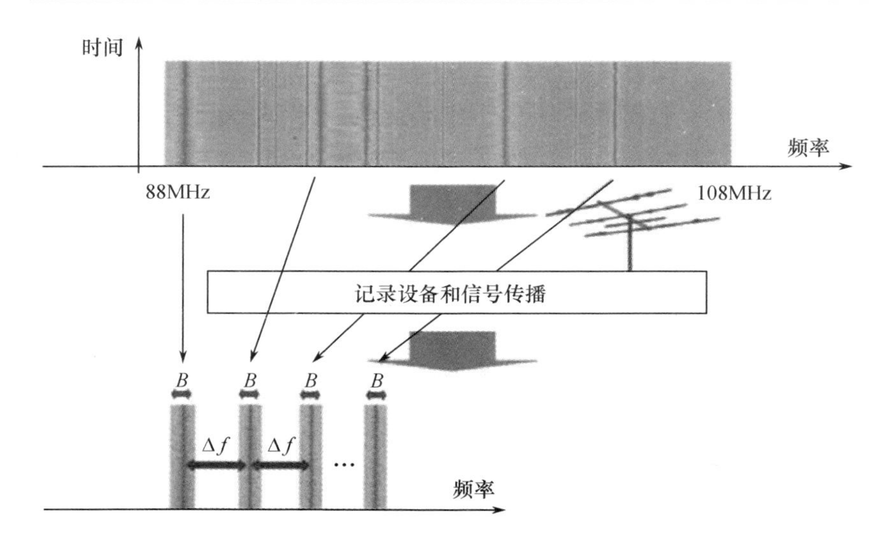

图 3.2　FM 无线电广播信号的带宽扩展处理流程

3.2　数字与模拟

图 3.1 的结果表明采用数字调制格式与采用模拟调制格式在探测系性能上的一些重要区别。对于模拟信号，模糊函数通常是时变的，取决于节目内容。对于探测来说，这显然不可取。

3.2.1　模拟电视信号

图 3.3 显示了模拟电视信号（右侧）和数字电视信号（左侧）的频谱图。在英国获得这一结果（2005 年 9 月）的时候，两个信号是同时播出的。

在英国，模拟彩色电视信号的调制格式称为逐行倒相制（PAL 制式）。其他国家使用的模拟调制格式大致类似，如 NTSC（北美和中美洲）和 SECAM（法国）。对于英国的 PAL 制式，图像信息由连续的行组成，每行持续 64μs，并在每行开始时带有 12μs 的同步脉冲。整个图像由 625 条这样的线组成，隔行扫描。该信息调幅到视频载波上，抑制下边带，只有上边带可见（残留边带）。图像的颜色信息调制在色度副载

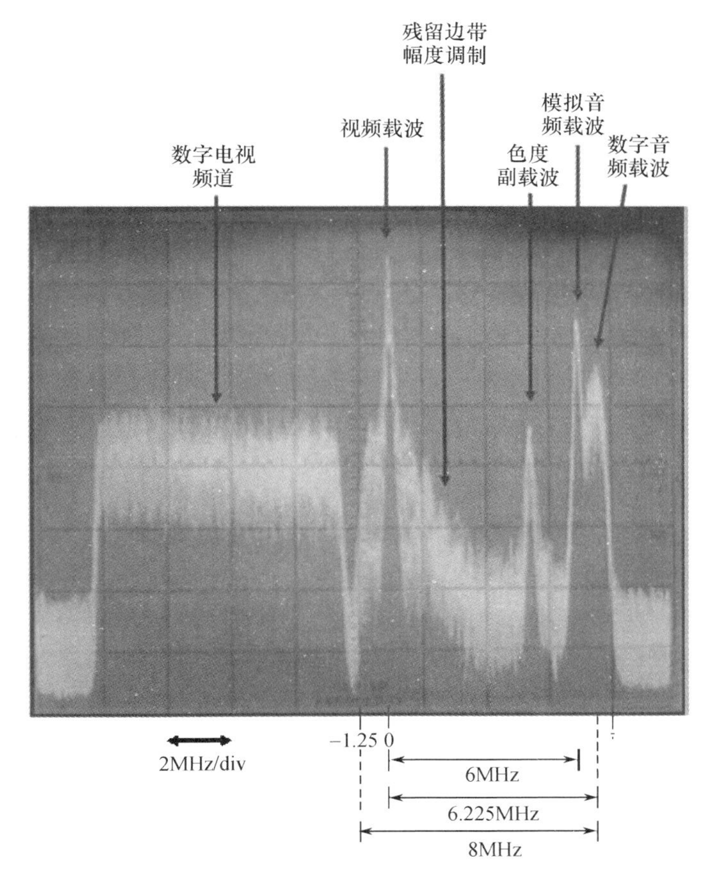

图 3.3　模拟电视信号(PAL 制式)和相应数字电视的频谱图(水平 2MHz/div,垂直 10dB/div)

波上,在这种情况下,声音信息以模拟和数字两种形式出现。

当 PAL 信号用于探测时,在 64μs 的间隔有明显的模糊,这是由于电视图像的某一行通常与下一行非常相似,而且由于每一行开始时出现了同步脉冲。这将导致 9.6km 间隔的距离模糊(单基地雷达中的术语),还有与 25Hz 的帧扫描速率相对应的模糊。这些影响加上视频载波的调幅实际上从未减少到零,这意味着模拟电视信号远不是理想的探测信号。

相应地,左侧的数字电视信号具有平坦的、类似噪声的频谱,作为探测波形更令人满意。因为其模糊函数具有均匀的旁瓣结构,且基本上是时间不变的,独立于节目内容。

在大多数国家,模拟电视业务已经停止,并由数字电视取代(参见3.3.4节)。美国的模拟电视于2009年停止使用(法国和日本分别在2011年11月29日和2012年3月31日关闭模拟服务)。

3.2.2 失配滤波

在大多数无源探测处理方案中,由式(3.1)表示的互相关过程通过采用两个接收通道来实现:一个接收目标回波(信号通道);另一个接收发射的参考信号(参考通道)。因此,处理的输出是目标回波与参考信号的互模糊函数:

$$|\psi(T_R,f_D)|^2 = \left|\int_{-\infty}^{+\infty} s_t(t)s_r^*(t+T_R)\exp[j2\pi f_D t]\,dt\right|^2 \quad (3.3)$$

式中:$s_r(t)$为参考信号。参考信号应该尽可能干净,没有多径效应并且具有较高信噪比。如果从发射机到无源探测接收机有一条无遮挡的视线,通常可以获得直达波信号。此外,使用指向发射机的定向天线也有帮助。在某些情况下,干净的直达波信号是第5章描述的直达波信号抑制处理的一部分结果,或者在特定情况下使用协作源,直达波信号可以通过来自发射机的物理(电缆)链路获得,这种情况下它没有受到多径影响。

然而,也可以通过修改参考信号提供一个失配过滤器以改善交叉模糊函数,如去除旁瓣,因为导致不需要的旁瓣峰值的信号特征是先验已知的。这种方法最初由 Saini 和 Chemiakov 提出[15],并且已经在下一节中考虑的几个波形上取得了一些成功。

3.3 数字编码的波形

在过去的十多年中,通信和广播应用中引入了许多数字编码调制方案,包括 GSM、3G 和 4G 手机信号、DAB、DVB - T 和 DRM 广播信号以及 WiFi(802.11)和 WiMAX(802.16)信号,其中几种基于正交频分复用(OFDM)。接下来将介绍 OFDM 的基础以及其中一些信号作为探测照射源的潜在优势。

首先了解一下通信信道的性质,这有助于深入了解为什么信号这样设计[16]。在大多数情况下,信道包括直接路径以及多个多径分量,每个分量都有自己的幅度和时延。直接路径和多径分量可能是时变的,也可能包含多普勒频移。多径分量可能会在接收机处破坏信号质量,导致衰落,并且因为与给定时延对应的相位是频率的函数,所以衰落也将是频率的函数。

如果与多径相关的时延扩展开始变得与比特长度相当,则会出现符号间干扰,接收到的信号将被破坏(图 3.4),这将限制信道传输的数据速率。

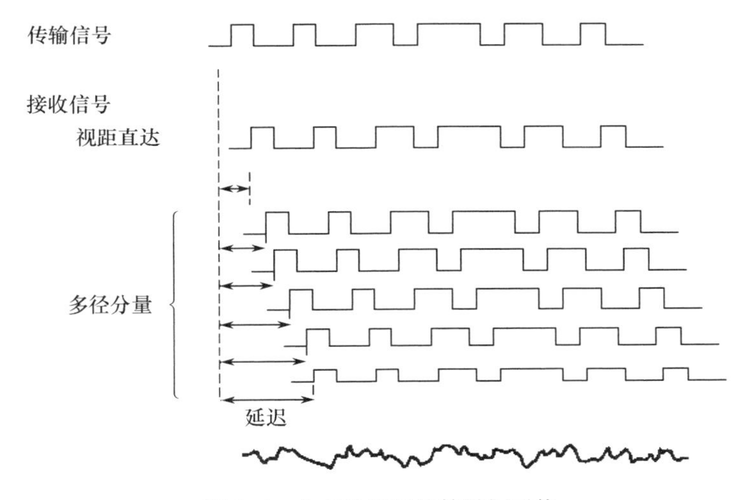

图 3.4　由多径引起的符号间干扰

3.3.1　正交频分复用

为了克服这一缺点,正交频分复用应运而生。在这里,数字比特流多路复用为多个并行流,使得每个单独流中的比特长度 T_b 被拉长了 N 倍,N 是并行流数。此时的比特长度远大于多径的最大时延扩展(图 3.5),所以多径影响相对较小。并行数据流被调制到一组子载波上,这些子载波在频率上隔开,使得每个子载波($\sin x$)/x 调制频谱的零点与所有其他频率的载波频率重合(图 3.6),换句话说,它们彼此正交。为此,所需的子载波间隔应为 $1/\tau$,其中 τ 为扩展比特流的比特长度。

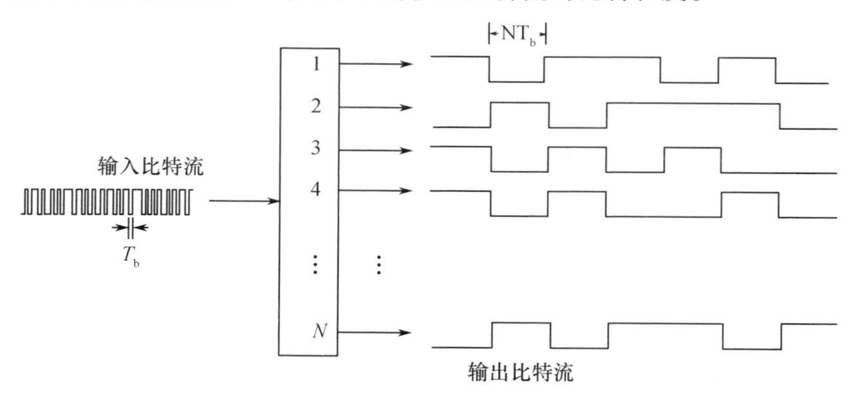

图 3.5 OFDM:将数字比特流复用为多个并行流;输出比特流的比特长度远大于多径的最大时延扩展

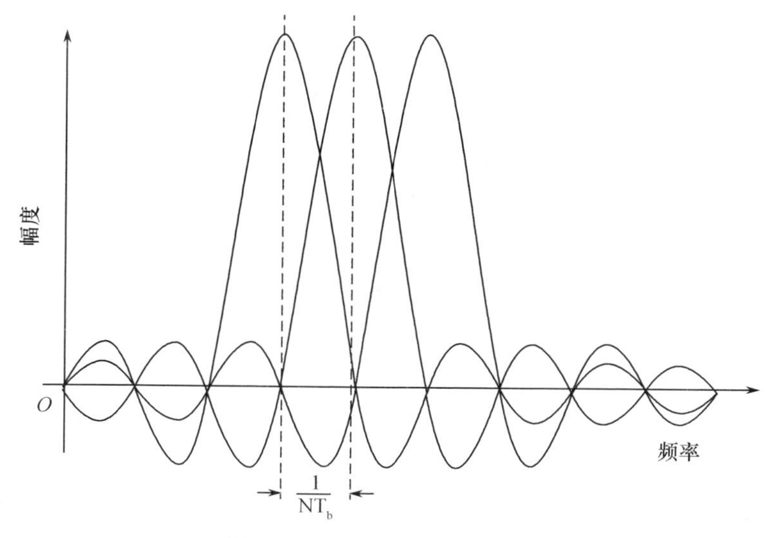

图 3.6 OFDM 中的正交子载波

信号由经过调制的并行子载波组成并通过信道传输。在接收机处，每个子载波都被单独解调，然后由多路复用重建为原始数据流。

这种调制形式还允许使用单频网络，其中给定站的所有发射机共享相同的频率并且同步。已证明 OFDM 是对抗多径效应的有效手段，构成现代通信和广播中使用的许多调制格式的基础。

3.3.2　全球移动通信系统

全球移动通信系统（GSM）标准由欧洲电信标准协会（ETSI）为 2G 蜂窝电话网络开发的，目前在全球广泛采用。它在美国使用的波段集中在 900MHz、1.8GHz 和 1.9GHz。上行链路和下行链路都是 25MHz 带宽，在 900MHz 处分成 125 个 FDMA（频分多址）载波，间隔 200kHz，在 1.8GHz 处分成 375 个 FDMA 载波。给定的基站只使用这些信道的很少一部分。每个载波被分成 8 个 TDMA（时分多址）时隙，每个时隙的持续时间为 577μs。每个载波使用高斯最小移位键控（GMSK）进行调制，单个比特对应于 3.692μs，调制速率为 270.833kb/s。

图 3.7 显示了 GSM 信号的时域特性和频域特性，图 3.8 显示了 GSM 信号的模糊函数在距离维上的切片。可以看出，时域信号时隙速率和帧速率的周期性特征导致明显的距离模糊。信号带宽（约为 150kHz）所隐含的距离分辨率（约为 1000m）对于适合这种信号的近程应用来说还是太低，然而通过适当的积累间隔可以在多普勒维中获得有用的区分。

3.3.3　长期演进系统

长期演进（LTE）波形是在 OFDM 子载波上传输的载波调制数字数据。OFDM 在 20 世纪 90 年代考虑用于第三代（3G）移动通信系统，但后来选择了更成熟的宽带码分多址（WCDMA）。目前，OFDM 广泛应用于 802.11（WiFi）、802.16（WiMAX）和 DAB/DVB 等广播系统中，而最广泛的应用是在基于 LTE 的第四代（4G）移动通信系统中。这些系统从 2012 年开始在全球部署，正广泛传播。LTE 可以提供数据和语音服务，下行数据速率高达 100Mb/s。LTE 基本信道根据1.4 ~ 20MHz不等的带宽划分为 72 ~ 1320 个不等的 OFDM 子载波。LTE 可以在多个频带上运行，标准化组织 3GPP [18] 定义了 32 个波段，频率范围为

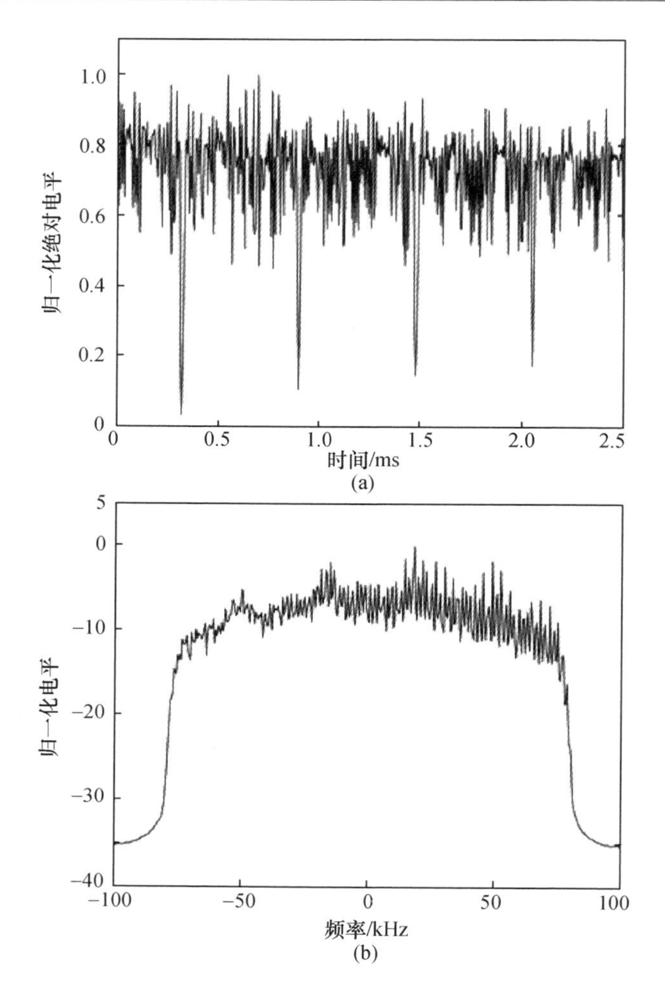

图 3.7 GMS 调制的时域特性和频域特性
(a)时域特性；(b)频域特性。

729MHz～3.8GHz。根据许可和带宽要求，分配特定的频带给运营商。在英国的运营商中，带宽是 5 MHz 的倍数，如 5MHz、10MHz、15MHz、20MHz、25MHz 和 35MHz[19]。LTE 使用不同的调制格式，具体取决于传输信息的类型以及标准中定义的 QPSK、16－QAM 和 64－QAM 无线信道的质量[21]。

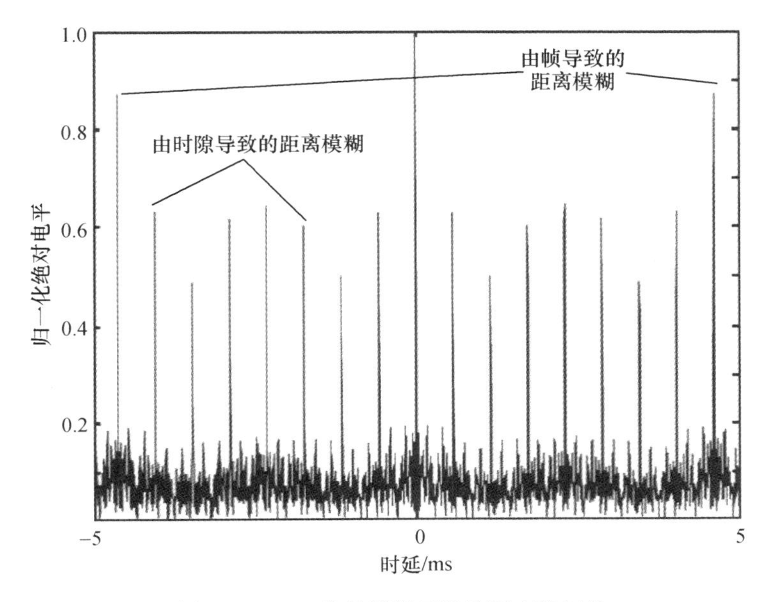

图 3.8　GSM 信号模糊函数的距离维切片

LTE 的多址接入方案以 OFDM 为基础，称为 OFDMA。用户根据需求和单元中的流量负载分配带宽。LTE 的基本配置单元称为 LTE 资源块(RB)，这是基于两个 0.5ms 时隙的 1ms 重复子帧。每个时隙包含 12 个具有 15kHz 固定间隔的子载波以及 6 个或 7 个 OFDM 符号(取决于所使用的循环前缀长度)。单个子载波和一个 OFDM 符号定义了资源元素(RE)，它是 LTE 的最小信息单元[18,20]。因此，LTE 时域信号基于子帧聚合为 10ms 的帧。

图 3.9 显示了 LTE 符号和帧以及资源块。LTE 资源块定义为包含 7 个 OFDM 符号的 0.5ms 时隙，每个 OFDM 符号又包括 12 个具有 15kHz 间隔的正交子载波。在 LTE 下行链路中，资源块被组装在资源网格中，如图 3.10 所示。显而易见，这种信号具有重复特征。

为了便于信道估计和传输控制信号，导频、同步和控制信道都是周期性发送的，从而具有循环平稳特性。OFDM 和 LTE 下行链路传输的循环平稳性已有研究，并且分析了不同的环境中的特性(参见文献

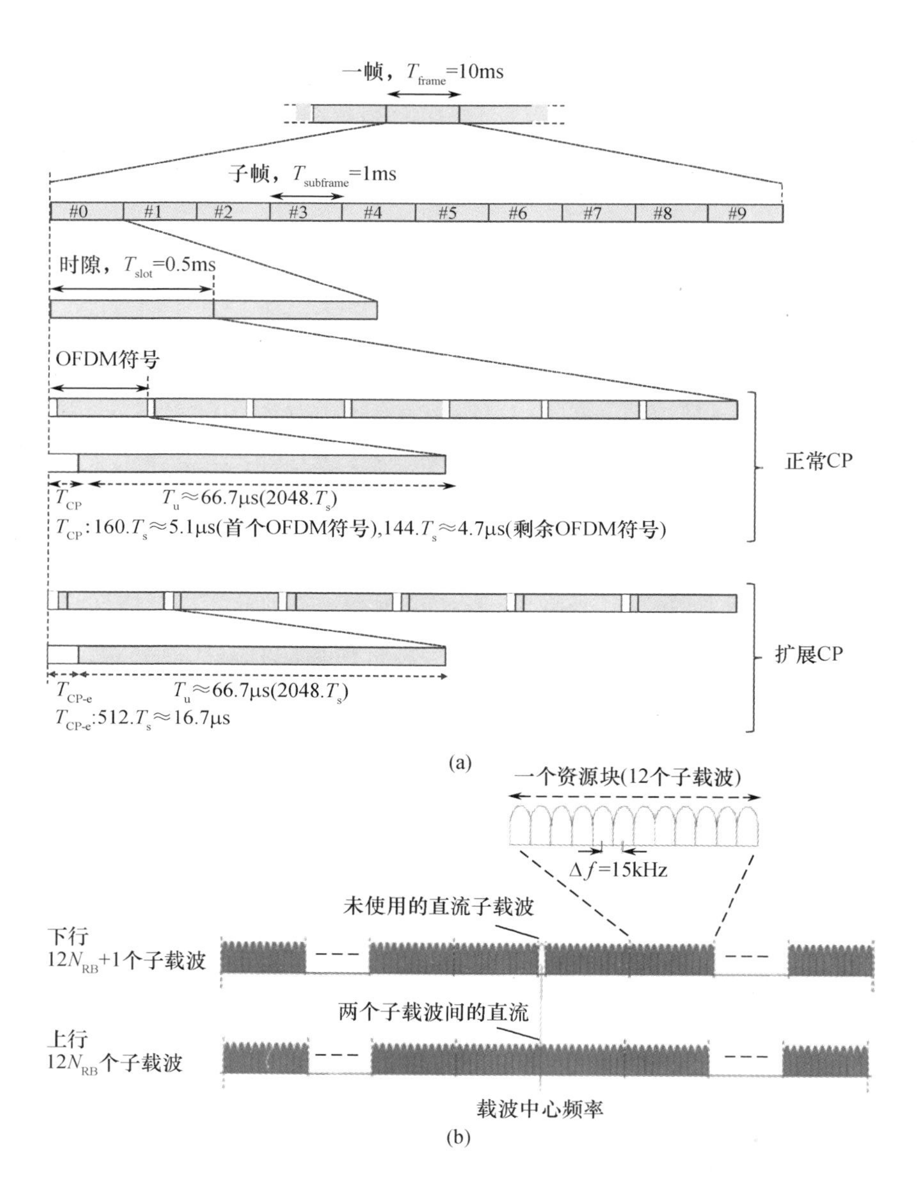

一帧，T_{frame}=10ms
子帧，$T_{subframe}$=1ms
#0
#1
#2
#3
#4
#5
#6
#7
#8
#9
时隙，T_{slot}=0.5ms
OFDM符号
T_{CP}
$T_u \approx 66.7\mu s(2048.T_s)$
T_{CP}:160.$T_s \approx 5.1\mu s$(首个OFDM符号),144.$T_s \approx 4.7\mu s$(剩余OFDM符号)
正常CP
T_{CP-e}
$T_u \approx 66.7\mu s(2048.T_s)$
T_{CP-e}:512.$T_s \approx 16.7\mu s$
扩展CP
(a)
一个资源块(12个子载波)
Δf=15kHz
未使用的直流子载波
下行
$12N_{RB}$+1个子载波
两个子载波间的直流
上行
$12N_{RB}$个子载波
载波中心频率
(b)

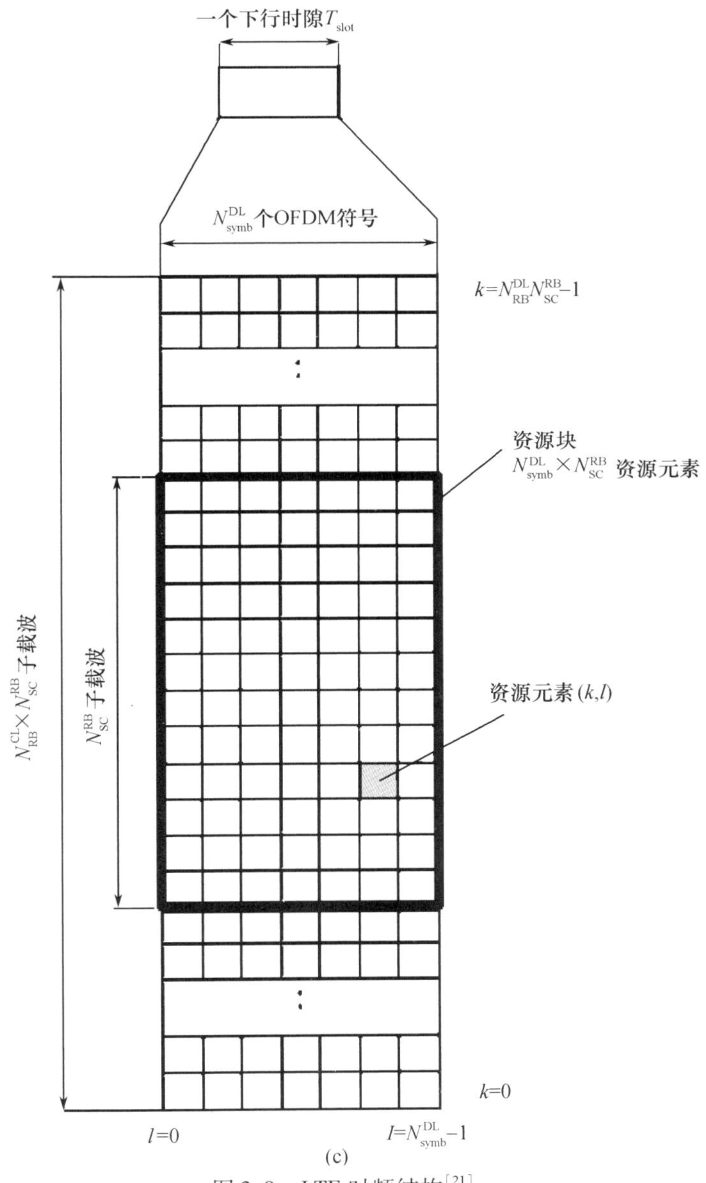

图3.9 LTE时频结构[21]

(a)LTE时域;(b)频域;(c)资源块结构。

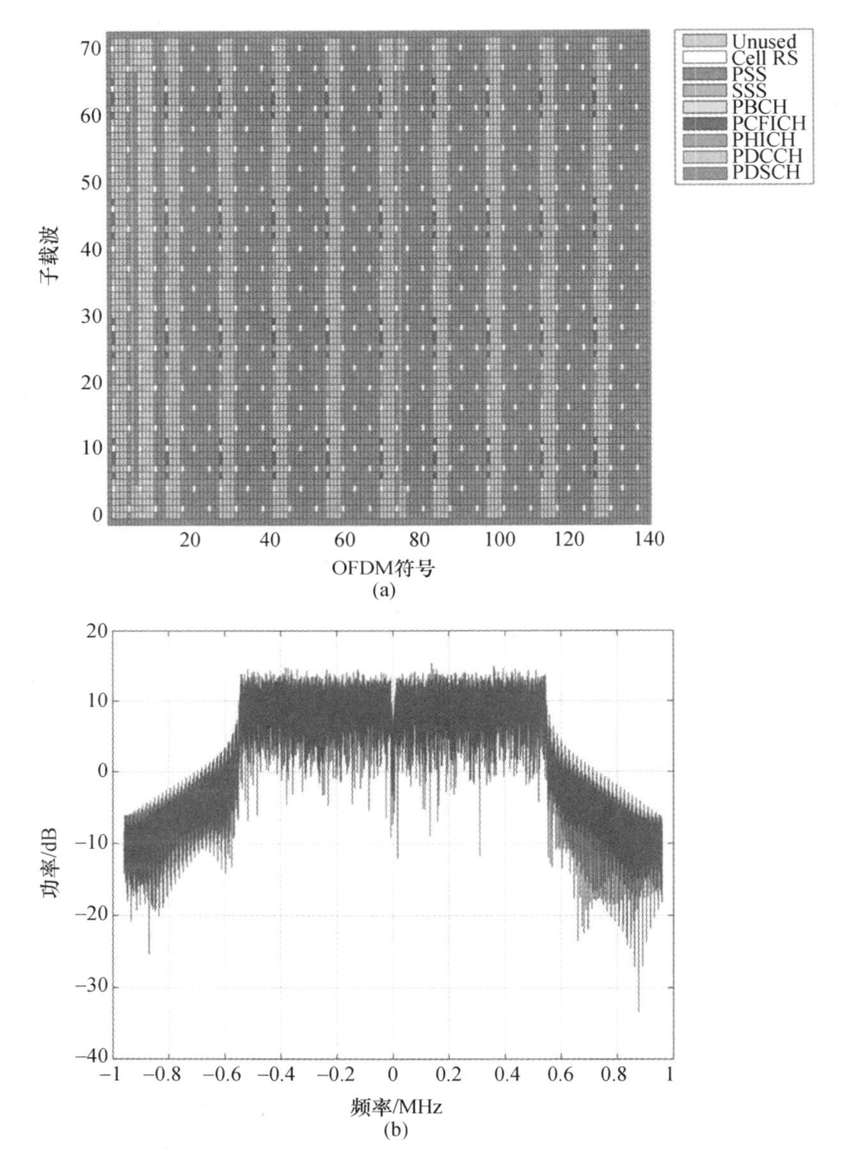

图 3.10 资源网格和信号频谱

(a)资源网格；(b) LTE 1.4MHz 信号频谱。

[23,24])。循环平稳特性影响整体信号时频特性及其在雷达应用中的性能。

图 3.10 显示了 LTE 信号的频谱。图中给出了具有 6 个资源块(72 个子载波)的 1.4MHz 带宽 LTE 信号的资源网格(顶部)和频谱。仿真周期为 10ms(模拟一个完整的无线电帧,包含 10 个 1ms 的子帧,代表 x 轴上 140 个 OFDM 符号)。可以看出,LTE 频谱平坦并且像噪声信号。

相应的模糊函数如图 3.11 所示。可以看出,在原点处存在尖锐的峰并且具有相对均匀的约 -30dB 的旁瓣电平。由于循环前缀的性质是原始符号的重复(复制)部分,因此次峰值较明显。在文献[23]中显示了一个类似的结果,扩展循环前缀导致了单个次峰值。

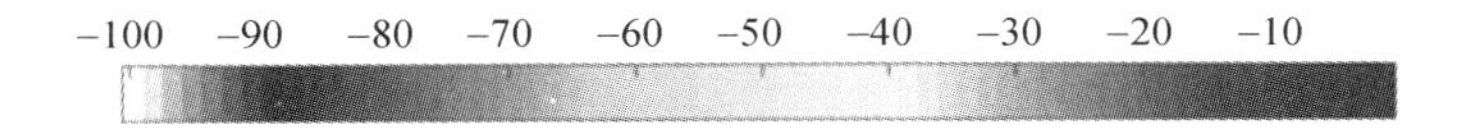

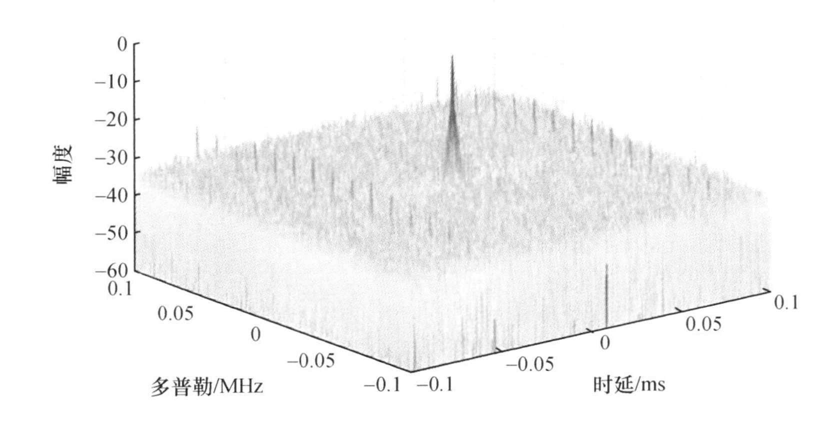

图 3.11　LTE 信号的模糊函数

尽管 LTE 信号的模糊函数已经非常适用于探测,目前的研究仍在寻求进一步优化[25,26](第 8 章对此进一步的讨论)。

3.3.4 地面数字电视

另一个使用 OFDM 的例子是 DVB－T(地面数字电视)信号[27,28]。对 DVB－T 信号格式的完整描述参见文献[29],这里只作简要介绍。这些信号根据操作模式使用 2k 或 8k 子载波。OFDM 符号来自三个不同的数据流:

(1) MPEG－2 数据:数据流经过比特随机化、外部编码和内部编码,然后映射到信号星座。这会产生一个类似噪声的频谱,总带宽约为 7MHz(图 3.12)。根据工作模式不同,数据载波采用 QPSK,16－QAM 或 64－QAM 调制。

(2) 传输参数信号(TPS):TPS 载波提供传输方案参数。该标准定义了载波的位置,它们通常是常数。

(3) 导频定义:接收机在接收信号的解调和解码中使用导频符号。有两种类型的导频,即均匀间隔的离散导频和连续导频,在不同的符号上一直占据相同的载波。

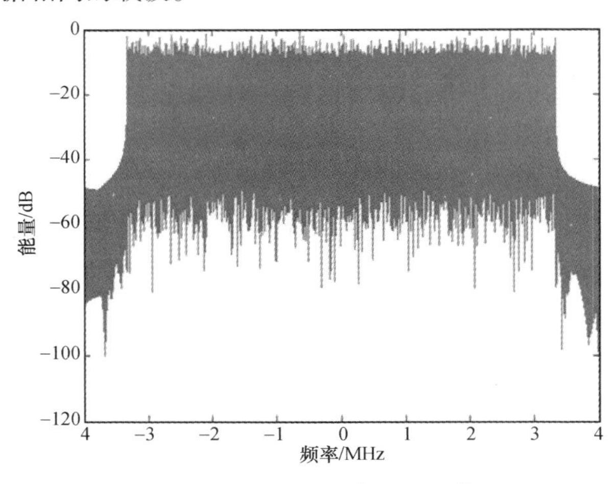

图 3.12　DVB－T 信号的频谱

相应的模糊函数与图 3.11① 类似,在原点处有一个窄峰值加上一

① 原书误为图 3.10。——译者注

些较小的旁瓣。文献[28,30]描述了用于改进 DVB - T 信号模糊函数的技术。

3.3.5　WiFi 和 WiMAX

另一类用于无源探测系统监测的信号是 WiFi 局域网(LAN)(IEEE 标准 802.11)[31]和 WiMAX 城域网(MAN)(IEEE 标准 802.16)的无线传输信号。802.11b 和 802.11g 标准工作在 2.4GHz 波段,而 802.11a 使用 5GHz 波段。WiFi 标准的特点是低功耗和短距离,主要在室内使用,因此可用于建筑物内的监视或短距离户外应用; WiMAX 标准提供更广泛的覆盖范围(多达几十千米),因此可能对码头或港口的监视等有用。

文献[34]描述了 802.11 WiFi 调制格式及其作为探测信号的用途,距离分辨率为 25m,峰值距离旁瓣水平约为 18dB。多普勒分辨率由积分时间的倒数得出,具有相当高的旁瓣电平,约为 6dB。EIRP 将取决于特定的接入点和天线,但最多只有几百毫瓦。

文献[35 -37]描述了 802.16 WiMAX 信号及其模糊函数特性。图 3.13 显示了一帧 WiMAX 下行链路信号的模糊函数。

该图显示了接近理想图钉形状的模糊函数,其距离分辨率约为 15m,对应 10MHz 的信号带宽,多普勒分辨率约 330Hz,对应其帧长度。该图还显示了由于导频信号引起的片状模糊和循环前缀及前导码引起的点模糊,如 3.3.3 节所述。图 3.13(b)显示零多普勒处的切片(点目标距离响应),图 3.13(c)显示零距离处的切片(即点目标多普勒响应)。

文献[35,37]讨论了可用于降低这些模糊程度的失配滤波技术。

3.3.6　数字无线广播

数字广播调制的另一种形式是用于 HF 全球通用无线电广播的数字无线广播(DRM)调制格式。在 DRM 中,数字化的音频流采用高级音频编码(AAC)和频谱波段复制(SBR)的组合进行信源编码,以便在

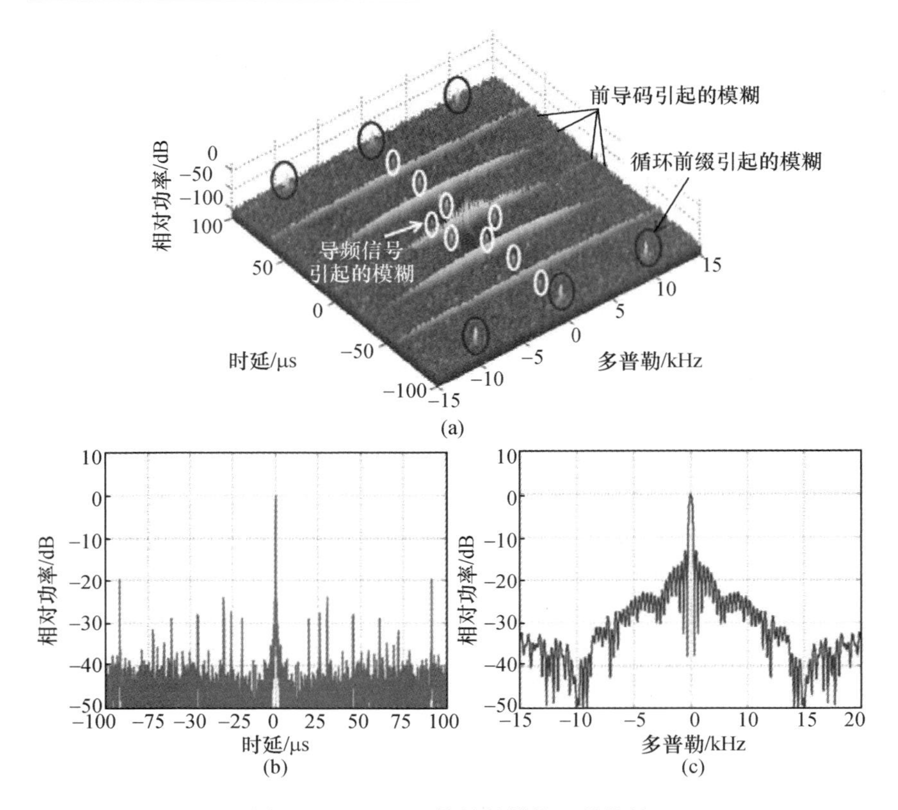

图 3.13　WiMAX 信号的模糊函数特性

(a) 测得的一帧 WiMAX 信号的模糊函数；(b)零多普勒处的切片；

(c)零距离处的切片。

使用两个数据流(接收器处需要进行解码)时分多路复用前降低数据速率。然后应用编码正交频分复用(COFDM)信道编码方案,用 200 个子载波和这些子载波的 QAM 映射传输编码数据。该方案旨在对抗信道衰落、多径和多普勒扩展,允许在最苛刻的传播环境中接收数据[38]。如图 3.14 所示的模糊函数具有良好的峰值和相对均匀的旁瓣水平及结构形式,与本章讨论的其他数字调制格式相同。在本例中,多普勒分辨率为 12.5Hz,较长的积累时间还可以提供更好的多普勒分辨率,但信号的距离分辨率只有 16km。

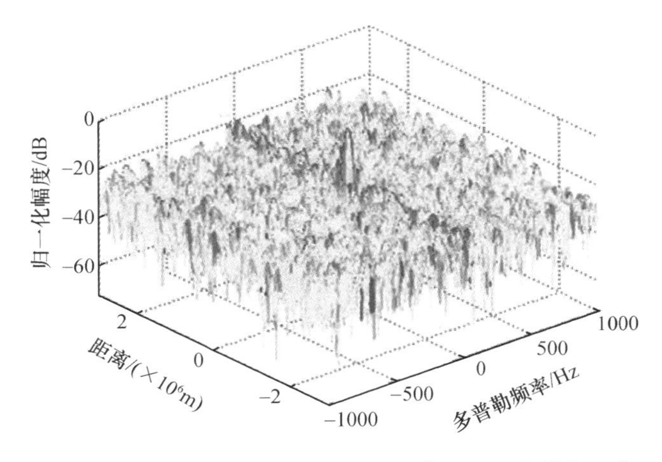

图 3.14　具有 80ms 积累时间的 DRM 信号归一化模糊函数

3.4　垂直面覆盖

无源探测系统的性能不仅取决于波形，还取决于照射源的覆盖范围。广播和通信发射机的覆盖范围会根据所需的服务进行优化，发射机通常位于山顶或高层建筑物上。方位面覆盖通常是全向的，但对于一些手机基站，可根据需要分配为 120°的扇区。垂直面的覆盖范围会进行优化，以避免功率浪费到水平面以上空间，并且在某些情况下波束可能还会向下倾斜几度。

文献[39,40]已经给出了典型无源双基地探测系统发射机(VHF FM 和 DVB - T)垂直面场强方向图的例子。可以将目标处功率密度的降低作为仰角正弦的函数，重新绘制此图(图 3.15)。可以看出，VHF FM 发射机的天线具有相对较高的旁瓣，但是 DVB - T 发射机的阵列可以更好地控制辐射方向图，因此旁瓣较低。

第 2 章中无源探测的雷达方程是

$$\frac{S}{N}=\frac{P_{\mathrm{t}}G_{\mathrm{t}}G_{\mathrm{r}}\lambda^{2}\sigma_{\mathrm{b}}G_{\mathrm{p}}}{(4\pi)^{3}R_{\mathrm{T}}^{2}R_{\mathrm{R}}^{2}kT_{0}BFL}\tag{3.4}$$

可重写为

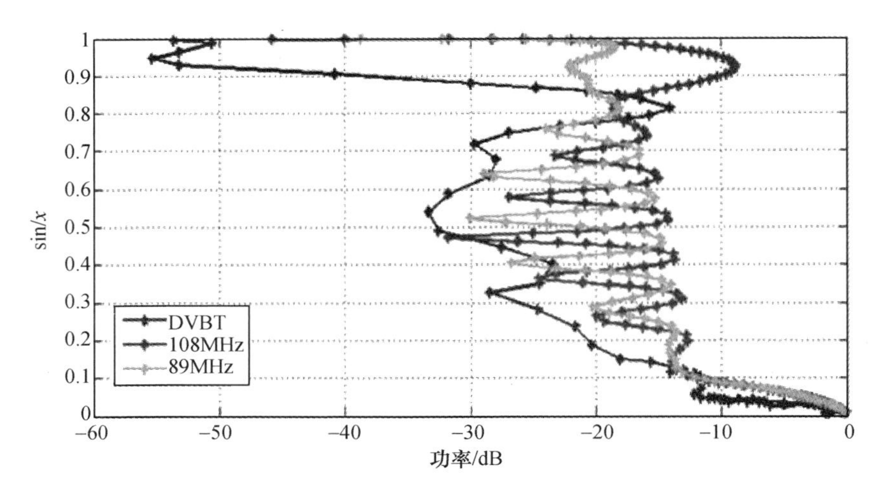

图 3.15　BBC VHF FM 无线电发射机在 98MHz、108MHz 和 8bay DVB－T 发射机的垂直面辐射方向图

$$R_{R_{\max}}=\sqrt{\frac{P_{t}G_{t}G_{r}\lambda^{2}\sigma_{b}G_{p}}{(4\pi)^{3}R_{T}^{2}(S/N)_{\min}kT_{0}BFL}}\tag{3.5}$$

可见，P_tG_t 每降低 10dB，给定目标的最大检测距离 R_R[①] 会减少1/3（图 3.16）。这种距离变化在俯仰面波瓣的峰值处效果很明显，在波瓣间的零陷处更加显著。

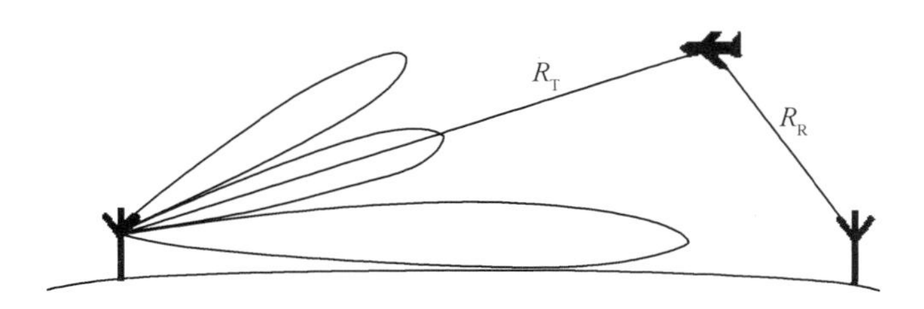

图 3.16　照射源俯仰面的波瓣图对检测距离的影响可能很大

① 原文错为 RR。——译者注

3.5　星载照射源

几十年来,卫星广播和导航消费者规模的巨大增长意味着有大量的星载照射源可用于无源探测。

地球静止轨道卫星和地球低轨道(LEO)卫星之间有一个重要的区别,地球静止轨道卫星对目标场景的照射是恒定且连续的,而地球低轨道(LEO)卫星的照射是短暂的(最多几秒),却能提供全球或接近全球的覆盖。正如本章开头所讨论的那样,信号的重要参数是目标处的功率密度和波形。对于广播、通信或导航系统而言,地球表面的功率密度将根据所使用的接收天线(如用于 DBS 电视的碟形天线或用于 GNSS 的手持式接收机)得到合适的信噪比。对星载雷达来说,地球表面的功率密度要使回波到达接收机后依然可检测,故功率密度要高得多。因此,这些信号更适合作为无源探测的照射源。图 3.17 总结了各种星载照射源的参数。

3.5.1　全球导航卫星系统

全球导航卫星系统(GNSS)是卫星导航的总称,包括美国的全球定位系统(GPS)和俄罗斯的全球导航卫星系统格洛纳斯(GLONASS)。此外,欧洲伽利略系统、中国北斗系统和印度导航系统将在 2020 年全面投入使用。虽然 GPS 最初是为军事用途而开发的,同时具有军事和民用(低分辨率)的编码,但是 GNSS 现在广泛用于民内和商用车辆导航(卫星导航)以及测量。

卫星导航信号一般工作在 L 波段,由伪随机噪声(PRN)码(用 GPS 的 CDMA,用于 GLONASS 的 FDMA)调制。每个系统由轨道高度约 20000km 的一组卫星组成。表 3.2 总结了 GPS、GLONASS 和 GALILEO 的轨道参数,图 3.18 描述了 GPS 星座的标称轨道。

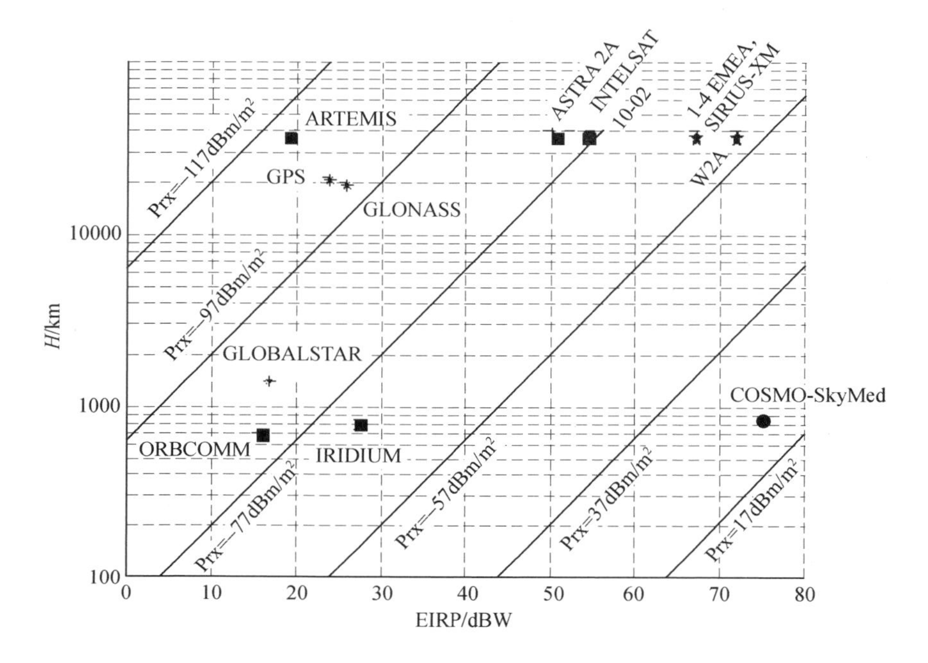

图 3.17　各种卫星照射源的 EIRP、卫星高度和地球表面的功率密度(Prx)

表 3.2　GPS、GLONASS 和 GALILEO 卫星的轨道参数[42]

参数	GPS 系统	GLONASS 系统	GALILEO 系统
可用卫星数量	24	24	30
轨道平面数	6	3	3
轨道倾角/(°)	55	64.8	56
轨道高度/km	20183	19130	23616
轨道周期	11h 58min 0s	11h 15min 40s	14h 4min
绝对速度/(m/s)	3870	3950	3720

3.5.2　卫星电视

对地静止卫星位于赤道上空 35786km 的高度,并以 24h 的周期绕

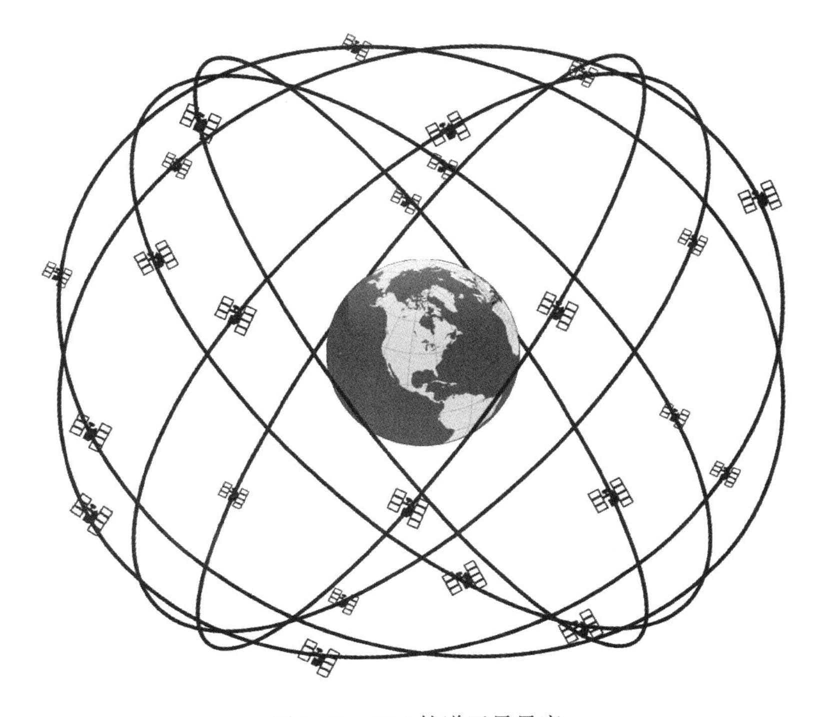

图 3.18　GPS 轨道卫星星座

地球轨道运行。这类卫星最初的概念是由科学作家 Arthur C. Clarke 于 1945 年提出的[43]。它们在空中似乎固定静止不动，如卫星电视广播和海事卫星通信（INMARSAT）。对于卫星电视应用，天线可以覆盖特定的陆地区域，这意味着海洋地区的覆盖范围较差。卫星电视信号工作在 Ku 波段。每颗卫星通常有 27 个转发器，每个转发器的带宽在 27 ~ 50MHz之间。发射机的 EIRP 通常为 +55dBW，在地球表面的功率密度约为 $-107\mathrm{dBW/m^2}$[44]。卫星广播采用的 DVB - S 调制格式类似于 DVB - T 格式。

3.5.3　海事卫星

海事卫星用于海上通信，目前由 12 颗地球静止轨道卫星组成。最新的第五代海事卫星（INMARSAT - 5）可提供高速的 Global Xpress 宽带服务，包括3颗卫星：I－5 F1 服务欧洲、中东及非洲，定点于东经63°；I－5 F2 服务美洲和大西洋地区，定点于西经55°；I－5 F3 服务亚太地区，定点于东经179°。

宽带全球局域网（BGAN）服务通过地球静止轨道上的卫星为船只和飞机提供通信。下行链路处于L波段，其630个信道分别具有200 kHz带宽（通信速率432 kb/s）和228个点波束，EIRP为67 dBW，其在地面的功率密度为$3\times10^{-10}\mathrm{W/m^2}$。

Lyu等人研究了将这种信号形式用于无源探测[45]，其调制为16－QAM，带有四次方根的余弦整形滤波器。通过组合几个相邻的信道，他们演示了具有－18.7 dB峰值旁瓣电平的模糊函数，但距离分辨率仍然相当低，而且需要有相当高的积累增益才能满足功率密度要求。

3.5.4 铱星系统

铱星（IRIDIUM）网络由低轨道上的66颗卫星构成（共计6个轨道，每个轨道11颗卫星），高度为781km，为卫星电话和寻呼系统提供全球语音和数据覆盖。该系统使用1616～1626.5MHz波段用于上行链路和下行链路，分为240个频道，每个频道带宽为41.67kHz，调制格式为TDMA，帧长度为90ms。每帧从20.32ms的单工时隙开始，接着是4个上行链路时隙和4个下行链路时隙，每个时隙长度为8.28ms。

Lyu等人也研究了将铱星信号用于无源探测[46]。通过组合几个相邻的信道，他们展示了具有－18.7dB峰值旁瓣电平的模糊函数，但距离分辨率仍然相当低，而且同样需要有相当高的积累增益才能满足功率密度要求。

3.5.5 低轨雷达遥感卫星

自20世纪70年代中期以来，低轨卫星已广泛用于地球物理遥感。它们通常携带光学、红外和雷达传感器，来自雷达的信号可用作无源探测的照射源。以这种方式使用的雷达主要类型是合成孔径雷达（SAR），但原则上也可以使用其他类型的星载雷达（雷达高度计、散射计等）。

将这些卫星置于近极轨道上，几乎覆盖全球。轨道周期一般为

100min,轨道模式在固定的时间间隔(通常为 3 ~30 天)之后重复。

卫星 SAR 信号通常是带宽为数十到数百兆赫的线性调频脉冲,频率从 L 波段到 X 波段,脉冲重复频率约为千赫(这是为了避免距离和多普勒模糊)。它们使用大型天线向星下点轨迹一侧辐射高功率信号(图 3.19)。最新的 SAR 设计使用多种模式,其中包含高程平面扫描模式(SCANSAR)以增加幅宽和/或方位角平面扫描模式以增加分辨率(聚束模式)。许多卫星还包括极化模式,交替发射水平和垂直极化的脉冲。还有一些系统由多个卫星星座组成,如 TanDEM - X、COSMO - SkyMed 等,可以进行干涉实验[47]。

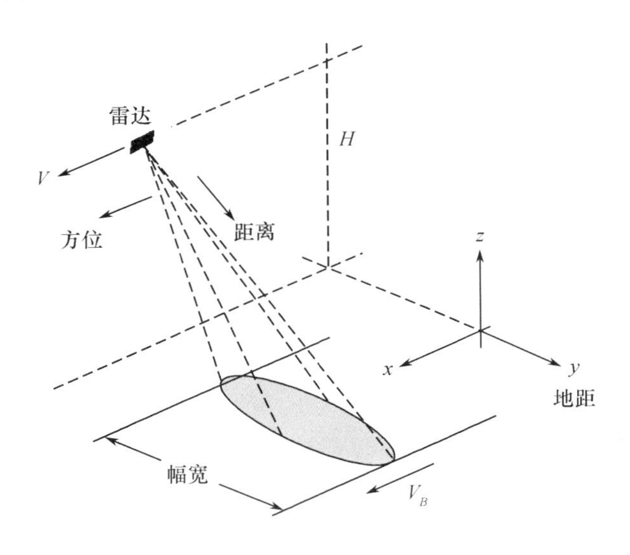

图 3.19　星载 SAR 的几何示意

注:天线指向星下点轨迹一侧,照射成像目标场景的一个区域。

图 3.20 显示了一个直接接收卫星 SAR 信号的例子(欧洲航天局 ENVISAT 卫星携带的先进合成孔径雷达(ASAR)传感器)。即使使用小喇叭接收天线,信噪比也可达到 25dB。该图显示了时域和频域中的线性调频脉冲序列。

由图可见,使用指向天空的天线和单独的接收机可以直接获得干净的直达波信号。

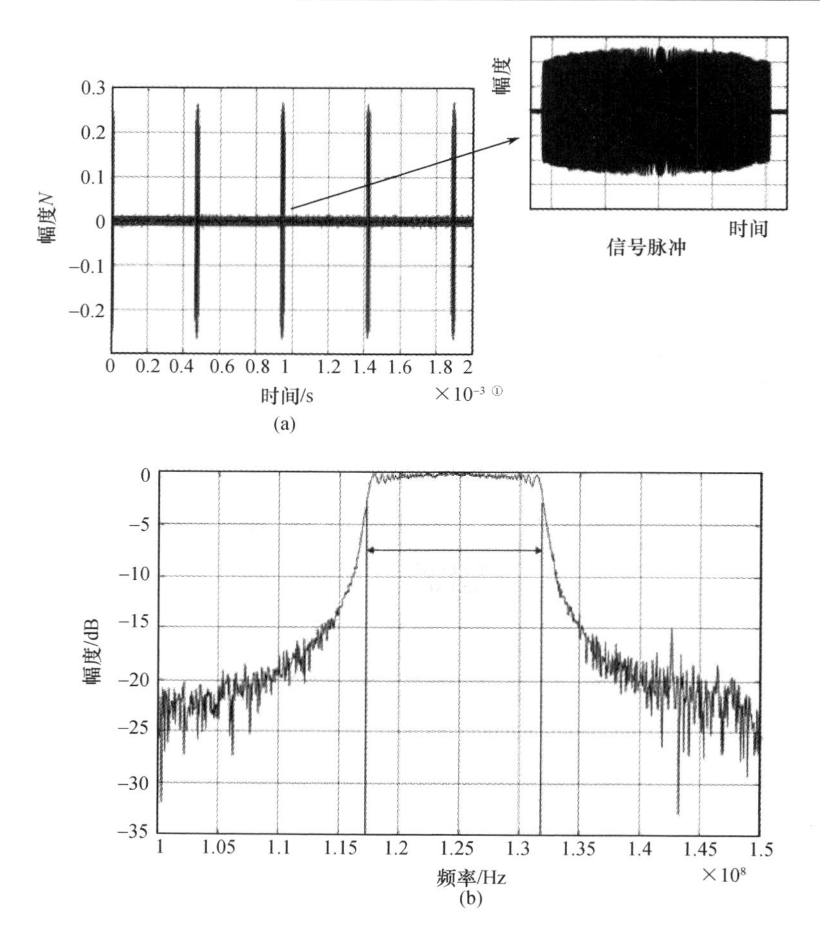

图 3.20 ENVISAT SAR 过顶时接收到的直达雷达脉冲信号[48]

(a)时域；(b)频域。

注：脉冲是线性调频信号，持续时间为 20μs，信噪比 25dB，带宽为 15MHz。

3.6 雷达照射源

最后一类照射源是雷达发射机，在这种情况下的技术称为“搭便

① 原文为 10^3，有误。——译者注

车”。这种照射源源可以是合作的,发射机的位置、频率、脉冲宽度、PRF 和天线扫描模式等参数已知并且可以优化;还有一类是非合作的雷达照射源,上述的参数都是未知的。雷达发射机可以是地面、机载或舰载的。

正如前一部分考虑的星载雷达照射源一样,该类信号非常适用于探测,它们通常由有规律的重复脉冲组成,模糊函数应该非常有利,而且目标处的功率密度会很大。

无源探测接收机需要能够在脉冲发射的瞬间与发射天线指向方向同步。几乎所有情况下,雷达发射机都会在方位上进行扫描(图 3.21),一般来说,在发射方位扫描角的全范围内无法全部探测到直达波信号。然而,可以在无源探测系统的接收机上使用飞轮时钟,对准 PRF 和发射天线指向,每次天线波束扫过时都会重新同步[49]。

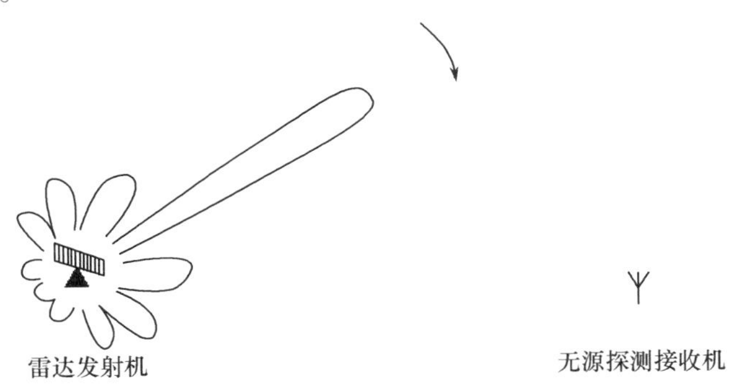

图 3.21　无源探测系统搭一部扫描雷达的“便车”进行探测

如果无源探测系统使用定向天线,则既可以提供方位分辨又可以提供增益,它的波束必须跟随发射的脉冲穿过空间,以便能够瞬时指向目标回波出现的方向,这种技术称为脉冲追赶,如图 3.22 所示[50]。瞬时接收波束方向为

$$\theta_{\mathrm{R}}=\theta_{\mathrm{T}}-2\arctan\left(\frac{L\cos\theta_{\mathrm{T}}}{R_{\mathrm{T}}+R_{\mathrm{R}}-\sin\theta_{\mathrm{T}}}\right) \tag{3.6}$$

式中的符号的含义见图 3.22。需要指出的是,接收波束不指向目标的瞬时位置,而指向目标回波到达接收机的瞬时方向,这很重要。因此,

在发射之后的时刻 t_1,脉冲已经到达 A 点,但是接收波束必须指向 B 点,以考虑从 B 点到接收机的传播时间。还需要理解的是,接收波束的扫描速率是非线性的,当波束垂直于脉冲传播方向时最快。

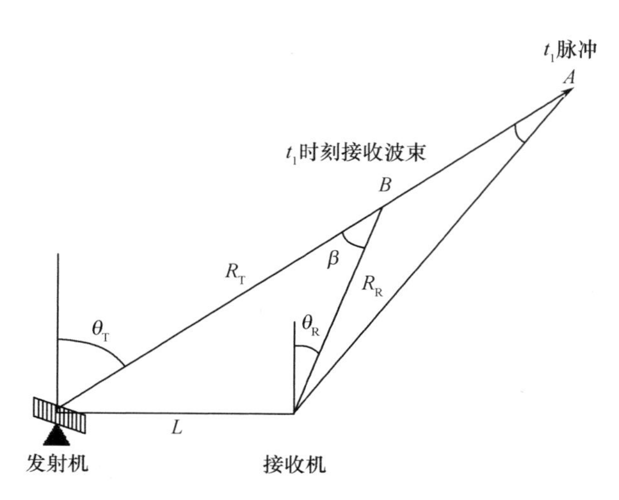

图 3.22　脉冲追赶:接收机波束必须以非常快速和非线性的速率进行扫描

这种快速且非线性的扫描速率不能通过机械扫描来实现,因此接收天线必须是电扫描阵列。这意味着无源探测系统丧失了最重要的潜在优点——简单性和低成本。

在雷达照射源类别中还应该提到高频超视距雷达(OTHR),它们工作在 HF 波段(2~30MHz),通过信号在电离层的反射来实现远距离探测[51]。系统自适应地选择频率以实现期望的探测距离,并根据电离层的反射特性、每天中的时间、每年中的时间以及太阳黑子周期的变化而变化,并且信号是编码脉冲。这些雷达也可用作双基地探测的照射源。

总之,雷达发射机非常适合作为无源探测系统的照射源,因为信号已针对雷达操作进行了优化,目标处的功率密度高。但是,如果接收机使用定向天线,则有必要使用脉冲追赶技术,这就会显著增加复杂性和成本。文献[49,52]描述了使用全向接收天线的两个系统,说明至少对于某些应用,可以避免使用脉冲追赶技术。

3.7 总　　结

本章评估了可用于无源探测的照射源特性，这些特性对于定义无源探测系统的性能非常重要，因此需要加以研究，以选择正确的照射源。关键参数包括目标的功率密度、波形的性质和覆盖范围，有很多信号可以使用。正如单基地雷达一样，模糊函数提供了度量波形特性的强有力的方法，如距离维和多普勒维上的分辨率、模糊度和旁瓣结构等。

本章重点讨论了数字调制格式，它们正逐渐取代通信、广播和无线电导航中的模拟调制。在模拟信号中，模糊函数一般是时变的，取决于节目内容。数字信号往往更像噪声，而模糊函数不依赖于节目内容，也不随时间变化。然而，数字调制格式的周期特征将导致在模糊函数中出现相应的周期特征。本章描述了几种不同的调制格式。基于 OFDM 的调制格式得到了广泛的应用，提供了一种抑制多径影响的方法。

本章考虑了地面照射设备俯仰面覆盖的影响。在实践中，这是一个很大的限制，特别是在对高仰角空中目标的探测和跟踪方面。

本章还描述了一些星载照射源，包括低轨道遥感合成孔径雷达、全球导航卫星系统以及在地球同步轨道上的卫星电视和国际海事卫星等。低轨道遥感合成孔径雷达信号已针对探测目的进行了优化，目标的功率密度较高，但照射时间很短。来自地球同步轨道上卫星的信号明显较弱，但能提供连续的照射，因此对特定目标探测具有潜在的积累增益。

最后，考虑了基于传统雷达的照射源，这种技术称为“搭便车”。在这里，信号已经针对探测目的进行了优化，目标的功率密度很高。但是，如果接收机使用定向天线，则需要采用脉冲追赶技术，这会大幅引入额外的复杂性。

参考文献

[1] Woodward, P. M. *Probability and Information Theory, with Applications to Radar*, London, U.K.: Pergamon Press, 1953; reprinted, Dedham, MA: Artech House, 1980.

[2] Tsao, T., et al., "Ambiguity Function for a Bistatic Radar," *IEEE Trans. on Aerospace and Electronic Systems*, Vol. 33, No. 3, July 1997, pp. 1041–1051.

[3] Ringer, M. A., and G. J. Frazer, "Waveform Analysis of Transmissions of Opportunity For Passive Radar," *Proc. ISSPA'99*, Brisbane, August 22–25, 1999, pp. 511–514.

[4] Griffiths, H. D., et al., "Measurement and Analysis of Ambiguity Functions of Off-Air Signals for Passive Coherent Location," *Electronics Letters*, Vol. 39, No. 13, June 26, 2003, pp. 1005–1007.

[5] Thomas, J. M., H. D. Griffiths, and C. J. Baker, "Ambiguity Function Analysis of Digital Radio Mondiale Signals for HF Passive Bistatic Radar," *Electronics Letters*, Vol. 42, No. 25, December 7, 2006, pp. 1482–1483.

[6] Griffiths, H. D., and C. J. Baker, "Passive Bistatic Radar," Ch. 11 in *Principles of Modern Radar, Vol. 3*, W. Melvin, (ed.), Raleigh, NC: SciTech Publishing, 2012.

[7] Torre, A., and P. Capece, "COSMO-SkyMed: The Advanced SAR Instrument," *5th International Conference on Recent Advances in Space Technologies (RAST)*, Istanbul, June 9–11, 2011.

[8] Tasdelen, A. S., and H. Köymen, "Range Resolution Improvement in Passive Coherent Location Radar Systems Using Multiple FM Radio Channels," *IET Forum on Radar and Sonar*, London, U.K., November 2006, pp. 23–31.

[9] Bongioanni, C., F. Colone, and P. Lombardo, "Performance Analysis of a Multi-Frequency FM Based Passive Bistatic Radar," *IEEE Radar Conference*, Rome, Italy, May 26–30, 2008.

[10] Olsen, K. E., "Investigation of Bandwidth Utilisation Methods to Optimise Performance in Passive Bistatic Radar," Ph.D. thesis, University College London, 2011.

[11] Olsen, K. E., and K. Woodbridge, "Performance of a Multiband Passive Bistatic Radar Processing Scheme – Part I," *IEEE AES Magazine*, Vol. 27, No. 10, October 2012, pp. 17–25.

[12] Olsen, K. E., and K. Woodbridge, "Performance of a Multiband Passive Bistatic Radar Processing Scheme – Part II," *IEEE AES Magazine*, Vol. 27, No. 11, November 2012, pp. 4–14.

[13] Zaimbashi, A., "Multiband FM-Based Passive Bistatic Radar: Target Range Resolution Improvement," *IET Radar, Sonar and Navigation*, Vol. 10, No. 1, January 2016, pp. 174–185.

[14] Christensen, J. M., and K.E. Olsen, "Multiband Passive Bistatic Radar Coherent Range and Doppler Walk Compensation," *IEEE Int. Conference RADAR 2015*, Arlington VA, May 11–14, 2015, pp. 123–126.

[15] Saini, R., and M. Chemiakov, "DTV Signal Ambiguity Function Analysis for Radar Application," *IEE Proc. Radar, Sonar and Navigation*, Vol. 152, No. 3, 2005, pp. 133–142.

[16] Rappaport, T., *Wireless Communications: Principles and Practice*, 2nd ed., Upper Saddle River, NJ: Prentice-Hall, 2001.

[17] Tan, D. K. P., et al., "Passive Radar Using The Global System for Mobile Communication Signal: Theory, Implementation and Measurements," *IEE Proc. Radar, Sonar and Navigation*, Vol. 152, No. 3, June 2005, pp. 116–123.

[18] *3GPP standard, LTE; Evolved Universal Terrestrial Radio Access (E- UTRA);* Base Station (BS) radio transmission and reception (3GPP TS 36.104 version 10.2.0 Release 10).

[19] http://media.ofcom.org.uk/news/2013/winners-of-the-4g-mobile-auction/, accessed September 5, 2016.

[20] Dahlman, E., S. Parkvall, and J. Sköld, *4G-LTE/LTE-Advanced for Mobile Broadband*, New York: Elsevier, 2013.

[21] LTE: Evolved Universal Terrestrial Radio Access (E-UTRA), 3GPP standard document, ETSI TS – B6.211 V10.0.0, 2011.

[22] http://uk.mathworks.com/ , accessed October 23, 2016.

[23] Sutton, P. D., K. E. Nolan, and L. E. Doyle, "Cyclostationary Signatures for Rendezvous in OFDM-Based Dynamic Spectrum Access Networks," *IEEE DySPAN 2007*, Dublin, Ireland, April 17–20, 2007.

[24] Alhabashna, A., et al., "Cyclostationarity-Based Detection of LTE OFDM Signals for Cognitive Radio Systems," *IEEE Globecom Conference 2010*, Miami FL, December 6–10, 2010.

[25] Evers, A., and J. Jackson, "Analysis of an LTE Waveform for Radar Applications," *IEEE Radar Conference 2014*, Cincinnati, OH, May 19–23, 2014.

[26] Griffiths, H. D., I. Darwazeh, and M. I. Inggs, "Waveform Design for Commensal Radar," *IEEE Int. Radar Conference 2015*, Arlington VA, May 11–14, 2015, pp. 1456–1460.

[27] Harms, H. A., L. M. Davis, and J. E. Palmer, "Understanding the Signal Structure in DVB-T Signals for Passive Radar Detection," *IEEE Int. Radar*

Conference 2010, Washington, D.C., May 10–14, 2010, pp. 532–537.

[28] Palmer, J. E., et al., "DVB-T Passive Radar Signal Processing," *IEEE Trans. on Signal Processing*, Vol. 61, No. 8, April 2013, pp. 2116–2126.

[29] *Digital Video Broadcasting (DVB): Framing Structure, Channel Coding and Modulation for Digital Terrestrial Television (DVB-T)*, 1st ed., European Telecommunications Standards Institute, March 1997.

[30] Berger, C. R., et al., "Signal Processing for Passive Radar Using OFDM Waveforms," *IEEE J. Selected Topics in Signal Processing*, Vol. 4, No. 1, February 2010, pp. 226–238.

[31] IEEE Standards: *Information Technology. Part 11: Wireless LAN Medium Access Control (MAC) and Physical Layer (PHY) Specifications* (IEEE Std. 802.11TM-1999). *Supplements and Amendments* (IEEE Stds 802.11aTM-1999, 802.11bTM-1999, 802.11bTM-1999/Cor 1-2001, and 802.11gTM-2003).

[32] *IEEE Standard for Local and Metropolitan Area Networks Part 16: Air Interface for Fixed Broadband Wireless Access Systems*, Rev. IEEE Standard 802.16-2004, Oct. 2004, (revision of IEEE Standard 802.16-2001).

[33] *IEEE Standard for Local and Metropolitan Area Networks Part 16: Air Interface for Fixed and Mobile Broadband Wireless Access Systems Amendment 2: Physical and Medium Access Control Layers for Combined Fixed and Mobile Operation in Licensed Bands and Corrigendum 1*, Rev. IEEE Standard 802.16e-2005 and IEEE Standard 802.16-2004/Cor 1-2005, February 2006 (amendment and corrigendum to IEEE Standard 802.16-2004).

[34] Colone, F., et al., "Ambiguity Function Analysis of Wireless LAN Transmissions for Passive Radar," *IEEE Trans. Aerospace and Electronic Systems*, Vol. 47, No. 1, January 2011, pp. 240–264.

[35] Colone, F., P. Falcone, and P. Lombardo, "Ambiguity Function Analysis of WiMAX Transmissions for Passive Radar," *IEEE Int. Radar Conf.*, Arlington, VA, May 10–14, 2010, pp. 689–694.

[36] Wang, Q., Y. Lu, and C. Hou, "Evaluation of WiMAX Transmission for Passive Radar Applications," *Microwave and Optical Technology Letters*, Vol. 52, No. 7, 2010, pp. 1507–1509,.

[37] Higgins, T., T. Webster, and E. L. Mokole, "Passive Multistatic Radar Experiment Using WiMAX Signals of Opportunity Part 1: Signal Processing," *IET Radar, Sonar and Navigation*, Vol. 10, No. 2, February 2016, pp. 238–247.

[38] Hoffman, F., C. Hansen, and W. Shäfer, "Digital Radio Mondiale (DRM) Digital Sound Broadcasting in the AM bands," *IEEE Trans. on Broadcast.*, Vol.

49, No. 3, 2003, pp. 319–328.

[39] Millard, G. H., *The Introduction of Mixed-Polarization for VHF Sound Broadcasting: the Wrotham Installation*, Research Department Engineering Division, British Broadcasting Corporation, BBC RD 1982/17, September 1982.

[40] O'Hagan, D. W., et al., "A Multi-Frequency Hybrid Passive Radar Concept for Medium Range Air Surveillance," *IEEE AES Magazine*, Vol. 27, No. 10, October 2012, pp. 6–15.

[41] Cristallini, D., et al., "Space-Based Passive Radar Enabled by the New Generation of Geostationary Broadcast Satellites," *IEEE Aerospace Conf.*, Big Sky MT, March 2010.

[42] Eissfeller, B., et al., "Performance of GPS, GLONASS and Galileo," *Photogrammetric Week '07*, D. Fritsch, (ed.) Wichmann Verlag, Heidelberg, 2007, pp. 185–199.

[43] Clarke, A. C., "Extra-Terrestrial Relays," *Wireless World*, October 1945, pp. 305–308.

[44] Griffiths, H. D., et al., "Bistatic Radar Using Satellite-Borne Illuminators of Opportunity," *IEE Int. Radar Conference RADAR-92*, Brighton; IEE Conf. Publ. No. 365, October 12–13, 1992, pp. 276–279.

[45] Lyu, X., et al., "Ambiguity Function of Iridium Signal for Radar Application," *Electronics Letters*, Vol. 52, No. 19, September 15, 2016, pp. 1631–1633.

[46] Lyu, X., et al., "Ambiguity Function of Inmarsat BGAN Signal for Radar Application," *Electronics Letters*, Vol. 52, No. 18, September 2, 2016, pp. 1557–1559.

[47] Griffiths, H. D., C. J. Baker, and D. Adamy, *Stimson's Introduction to Airborne Radar*, 3rd ed., Ch. 35: 'SAR System Design," Raleigh, NC: Scitech Publishing, May 2014.

[48] Whitewood, A., C. J. Baker, and H. D. Griffiths, "Bistatic Radar Using a Spaceborne Illuminator," *IET Int. Radar Conference RADAR 2007*, Edinburgh, October 15–18, 2007.

[49] Schoenenberger, J. G., and J. R. Forrest, "Principles of Independent Receivers for Use with Co-Operative Radar Transmitters," *The Radio and Electronic Engineer*, Vol. 52, No. 2, February 1982, pp. 93–101.

[50] Jackson, M. C., "The Geometry of Bistatic Radar Systems," *IEE Proc.*, Vol. 133, Pt. F, No. 7, December 1986, pp. 604–612.

[51] Headrick, J. M., and J. F. Thomason, "Applications of High-Frequency Radar," *Radio Science*, Vol. 33, No. 4, July-August 1998, pp. 1045–1054.

[52] Hawkins, J. M., "An Opportunistic Bistatic Radar," *IEE Int. Radar Conference RADAR 97*, Edinburgh, October 14–16, 1997, pp. 318–322.

第 4 章　直达波信号对消

4.1　简　　介

第 2 章简要介绍了直达波信号干扰的概念,直达波信号是没有经目标发射而直接到达接收机的信号。最简单的情况是在无源探测网络中沿着任何双基地对的基线传播的信号(图 4.1)。它总是存在于无源探测系统中,尤其是利用甚高频(VHF)无线电和超高频电视(UHF TV)台站作为照射源的系统,这些台站在所有方位方向上辐射信号。直达波信号只经历了单向传播损耗,衰减因子为 $1/L^2$,其中 L 为发射机和接收机之间的基线距离(图 4.1)。由于接收机处的信号强度仅衰减 $1/L^2$,并且基线始终小于双基地距离($R_T + R_R$),因此与弱目标回波相比,直达波接收信号非常强。

无源探测系统利用直接接收到的信号产生时间基准,从该时间基准可以比较从目标反射的信号,并以此估计目标到接收机的距离。这是通过直接和间接接收信号的互相关来实现的。但是,直达波信号也会泄漏到用于检测目标的监视通道天线中,在理想情况下,希望所产生的直达波信号干扰必须低于接收机噪声的水平,以避免降低对给定雷达截面积目标的最大可检测距离。

在对直达波信号功率进行量化之前,需要对直达波信号进行较详细的考虑。从图 4.2 可以看出,除了直接接收到的信号和来自目标的间接信号外,还有在监视通道接收到的反射信号,这些反射可能产生于建筑物和树木等自然物体。事实上,通常情况下在照射源方向不同的角度上靠近无源探测系统监视天线的建筑物充当了强反射器,使得反射功率处于非常高的水平。而且这些直达波信号的复制品来自不同的方向,使监视通道中对所有可能不需要的信号的抑制变得更加复杂。除非采取措施使这些信号降到最小,否则将限制无源探测系统的探测

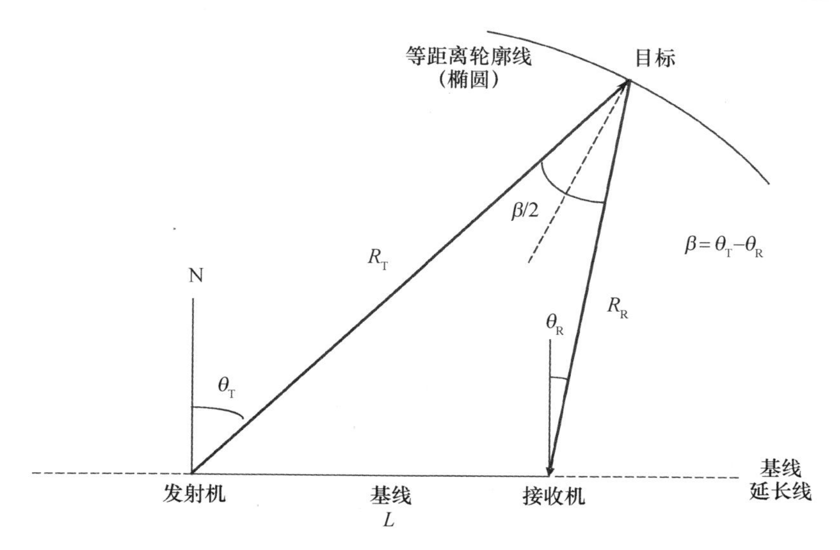

图 4.1　双基地几何构型

注：目标速度为 v，与双基地角 β 平分线的夹角为 δ。

距离。为无源探测接收机选择合适的位置、双基地几何构型、不受限制的关注区域等其他因素也非常重要。直接接收到的信号，包括来自外辐射源方向的信号，也可能因地面反射以及附近物体的反射而产生多径效应。

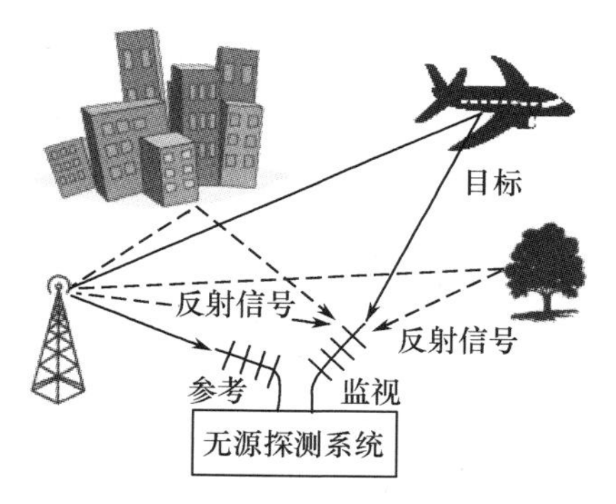

图 4.2　无源探测系统直达波干扰的场景

本章对出现在监视通道中的直达波信号形式进行研究，探讨用于降低信号强度的方法，以实现令人满意的目标探测距离。为清晰起见，将讨论限制在只有一个直达波信号沿无源探测系统基线传播之后直接进入监视信道的情况。

4.2　直达波信号干扰功率电平

为了得到直达波信号所需抑制量的表达式，首先计算间接接收信号与直达波信号的比值；其次，作为设计目标，需要将直达波信号抑制到最大可容忍干扰水平与接收机噪声限制的单脉冲检测水平相当。注意，积累不会带来任何好处，因为直接泄漏到监视通道的信号也会积累起来。在实际应用中，积累对直达波信号抑制提出更加严格的要求。如上所述，如果在监视通道中接收到直达波信号的多个本地副本，则事情会变得更加复杂。简单来说，需要把直达波泄漏信号和接收机中本底噪声置于相同的电平。这样就可以提供等效的单脉冲检测性能，并对给定雷达截面积的目标提供最大的探测距离。

为了获得对直达波信号功率量级的直观感受，可以使用在第 2 章中引入的双基地探测方程计算目标处接收到的功率：

$$P_{\mathrm{tgr}}=\frac{P_{\mathrm{t}}^{\mathrm{av}}G_{\mathrm{t}}^{\mathrm{tar}}G_{\mathrm{r}}^{\mathrm{m}}\lambda^{2}\sigma_{\mathrm{b}}}{(4\pi)^{3}R_{\mathrm{t}}^{2}R_{\mathrm{r}}^{2}L_{\mathrm{b}}L_{\mathrm{s}}}\tag{4.1}$$

式中：$P_{\mathrm{t}}^{\mathrm{av}}$ 为外辐射源的平均发射功率；$G_{\mathrm{t}}^{\mathrm{tar}}$ 为发射天线在目标方向的增益；$G_{\mathrm{t}}^{\mathrm{m}}$ 为监视通道朝向目标的天线主瓣增益；λ 为波长；σ_{b} 为目标的双基地雷达截面积；R_{t} 为发射机距离（发射机到目标的距离）；R_{r} 为接收机距离（接收机到目标的距离）；L_{b} 为双基地路径传播损耗；L_{s} 是系统损耗（例如天线失配、电缆损耗等）。

直达波信号干扰最通用的形式不仅包括进入到监视天线旁瓣的直达波信号，而且包括来自接收机周围环境不同时延与不同方位的强多径和杂波信号。这些零散信号的强度一般介于直接路径进入的信号和热噪声基底之间，然而一般假设直达路径泄漏是直达波信号干扰的主要成分。为简单起见，可以使用 Friis 传输方程来近似天线处的直达波信号干扰功率。监视通道中直达波干扰信号的接收功率为

$$P_{\mathrm{dsi}}=\frac{P_{\mathrm{t}}^{\mathrm{av}}G_{\mathrm{t}}^{\mathrm{r}}G_{\mathrm{r}}^{\mathrm{s}}\lambda^{2}}{(4\pi)^{2}R_{\mathrm{L}}^{2}L_{\mathrm{d}}L_{\mathrm{s}}}\tag{4.2}$$

式中:G_t^r 为接收机方向上发射天线的增益;G_r^s 为发射机方向上监视天线的旁瓣增益;L_d为直达路径上的路径损失。

假设 $L_b = L_d$,$G_t^{tar} = G_t^r$,$0.1G_r^m = G_t^s$,为了进一步简化,令 $R_L = R_T = R_R$(特殊但并非完全不寻常的特例),式(4.1)和式(4.2)比值为

$$P_{tar}/P_{dsi} = \frac{\sigma_b}{(4\pi)R_L^2} \tag{4.3}$$

因此,对于雷达截面积 $1m^2$ 的目标,直达波信号干扰与基线距离的平方成反比。如果要使用 10km 的基线,则由式(4.3)得到比值为 91dB。在实际应用中超过 100dB 是常见的,这是一个非常大的对消系数,是无源探测系统设计领域极具挑战性的环节,直接影响系统的性能。对于其他几何构型,式(4.1)与式(4.2)的比值需要使用其完整形式而非简化形式。

在这个简单的例子中,假定直达波信号通过比主瓣低 10dB 的旁瓣进入监视通道,对于目前许多具有相对适中阵列天线的系统来说,这并不是一个不切实际的假设。但阵列天线本身可以进行自适应波束形成,这反过来又提供了一种减少直达波信号的手段,因此这是将直达波信号干扰最小化策略的第一步。高增益天线和自适应波束形成相结合,也使得能够同时使用多个照射源的信号。对于具有自适应阵列天线的系统,能够在发射机直达路径方向上置零;对于具有模拟对消能力的系统,式(4.2)的直达路径进入信号可以抑制到弱于近场强杂波的水平,但要求具有合适的时延;时延大于信号带宽倒数的散射不能用简单的模拟对消方法(如 Howells - Applebaum 环路[1])去除。在这种情况下,使用适当的距离、增益和雷达截面积项修改式(4.1),对多个杂波离散数据进行求和,可以获得更合适的直达波信号干扰功率表示。

还应注意的是,假设目标具有显著的交叉极化分量,则接收监视天线可以采用交叉极化以进一步减小朝发射机方向的有效增益。实际上,由于这些复杂的相互作用,使得直达波信号干扰功率水平非常难以预测,必须通过现场测量进行准确的估计。通常,抑制直达波接收信号的目的是将其降低到低于接收机噪声的水平。理想情况下接收机噪声

是对给定雷达参数集和目标雷达截面积检测距离的基本限制。如果残留干扰水平高于接收机噪声,则会对距离检测产生影响,可以简单地表示为式(4.1)中的附加损失项。

4.3　直达波信号对消

有几种技术可以用来抑制监视通道中出现的直达波信号,以免这些信号降低对给定雷达截面积目标的最大探测距离。这些技术包括物理屏蔽、傅里叶处理、自适应波束形成和自适应滤波。下面介绍每种技术的相对效果。

物理屏蔽包括使用建筑物或类似结构将直接通道与监视通道物理分离,目的是让建筑充当挡箭牌,尽可能地阻止直达波信号进入监视通道天线,这取决于建筑物的位置和结构,但不能依赖于此。另外,也可以使用山脉等地理特征进行隔离,华盛顿大学的研究小组在这个方面已经取得了巨大的成功,具体技术细节将在第7章进行讨论。此外,利用雷达吸波材料(RAM)或雷达栅栏可以减少直达波信号的干扰,这种方法可以有效地抑制接收机附近的散射源,它们使直达波信号从不同角度进入接收天线。这些物理屏蔽监视通道免受直达波信号干扰的方法可以单独使用或组合使用,以达到可接受的抑制水平。然而,对于大多数无源探测系统设计使用的相对较低的频率(VHF和UHF)而言,由于这些频率的信号缺乏方向性,因此物理屏蔽的有效性非常有限,它们不可能达到上述要求的100dB,而仅仅是达到最佳抑制效果全部方法中的一部分。

在傅里叶处理方面,绝大多数无源探测系统都是为探测飞机和其他空中目标而设计的。换句话说,它们探测到的移动目标大部分情况下在监视通道中会有一个明显的径向速度或多普勒。然而,直达波信号没有这样的运动分量,因此简单的傅里叶处理可以进一步抑制监视通道中的直达波信号。例如,对于经过适当采样的10kHz带宽VHF信号,每秒有大约10000个数据值,快速傅里叶变换(FFT)的抑制因子约为40dB;具有10MHz带宽的UHF信号相应地具有约70dB的抑制因子。应注意的是,由于附近杂波源引起的带限信号的自然旁瓣和具有内部运动特性(如树木被风吹动)的附近杂波源引起的频谱展宽可能导致严重的旁瓣泄漏,因此傅立叶处理在接近零多普勒处的抑制水平将低于在更高的多普勒处的抑制水平。

对于自适应天线技术,如果监视通道采用阵列天线,则可以使用自适应波束形成的方法,在干扰方向上形成零陷,使接收通道在发射机(以及其他需要的情况下)方向上变得不敏感,通过控制定向天线的旁瓣实现直达波抑制。如果采用全数字天线,则可采用自适应波束形成技术,将直达波信号方向上的灵敏度降到最低。如果存在诸如多径的外部噪声,则可能需要形成多个零陷。如果外部噪声环境是非平稳的,则对消需要不断地进行调整,并需要有适当的快速响应时间。阵列的自由度即天线和接收机通道的数量,必须大于要抑制的信号的数量。天线方向图因素、发射机和接收机的位置以及给定场景的目标轨迹将导致盲区。这些都是由于发射机、目标和接收机之间的视线丢失,或者当目标在发射机和接收机之间穿过双基地基线时造成的。无源探测系统中使用的大多数阵列天线阵元数相对较少,通常为8~12个,这使得可用的自由度、可实现的零陷水平和零陷数量相对较少,也限制了目标方向的增益。未来可能会出现带有更大天线阵列的无源探测系统,这些产品具有更高增益、方向性以及更多设计自由度,但会以额外的尺寸和复杂性为代价。

对于自适应滤波,针对直达波信号干扰抑制问题的自适应滤波通用模型如图4.3所示。对参考波形以T_s为间隔进行采样,则$t=nT_s$,通过一个冲击响应为$h[i]$的有限冲击响应(FIR)滤波器后,监视通道中接收到的直达信号可表示为

$$s_{dsi}[n] = \sum_{i=0}^{M-1} h^*[i]s_r[n-i] \tag{4.4}$$

式中:M为正确模拟各种直接接收信号分量所需的离散时间时延系数的数量,$M=t_{max}/T_s$;$h[i]$的各种离散样本表示杂波响应的连续谱,因此并不能保证杂波响应得到整数个样本时延。在大多数情况下,对给定杂波离散的响应将分布在h的相邻系数上,幅度减小且相位改变。

直达波信号干扰对消过程首先估计未知杂波和直接路径系数

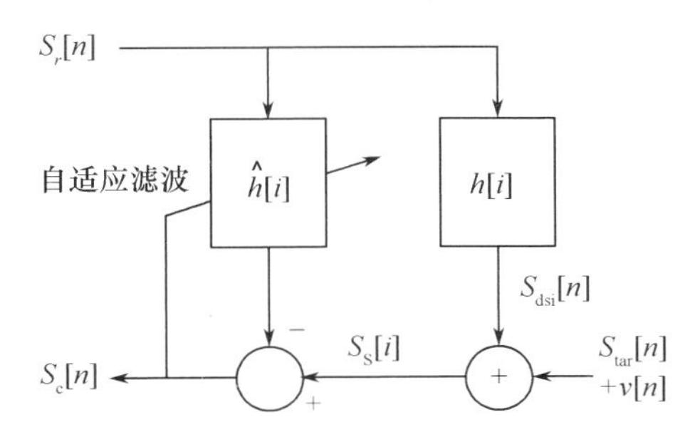

图 4.3　直达波信号干扰对消的框图

$\hat{h}[i]$，然后将结果与参考信道波形进行卷积估计出直接信号 $S_{dsi}[n]$。理想情况下，减去这个信号后会只留下监视信号中的目标响应和热噪声。经过上述算法处理之后的最终输出用 $S_c[n]$ 表示，假定这是没有直达波信号干扰的监视通道输出，仅由目标响应和附加噪声组成。

虽然相对较弱的杂波响应对式(4.4)中总直达信号干扰功率的影响可以忽略不计，但它们的功率往往大于热噪声，会降低抑制水平。因此，在估算 $\hat{h}$ 时必须加以考虑。如果系数的数量不足以对杂波响应正确建模，则直达波信号干扰相减法的有效性会降低，而计算量需求会随着通道长度的增加而增加。应注意的是，直达波信号干扰的位置并不与监视天线相位中心位置重合，因此不可避免地存在退化，这将进一步依赖接收系统的选址。由于附近多径引起直达波信号来自多个方向，将会使问题变得更复杂。

在无源探测中采用自适应信号处理方法对直达波信号抑制已有较多研究，而自适应信号处理是一个相对成熟的领域，包含许多不同的技术，有许多不同的变体[2-6]。因此，在这里进一步考虑更多的方法和它们各自的优点。

由 Colone 开发的扩展对消算法(Extensive Cancellation Algorithm，ECA)[2]是一种专门针对无源探测系统直达波信号干扰抑制而设计的对消方法。在这个算法中，数据在短时间内处理并随后重新组合，多普勒域中得到的对消陷波较宽，从而实现直达波信号干扰的抑制和改善。这种方法扩展到连续流水处理，逐步检测直达波信号的最强时延和频移复制，并由此降低它们对最终处理的接收信号的影响。该算法首先通过消除污染的直达波接信号和监视通道中最强的杂波回波来实现。然后以信号强度下降的顺序检测距离-多普勒平面中最强的峰值，通过设定适当的标准来选择适当的停止条件，这就形成了一个稳健的逐次检测目标的算法，包括对最初被地面杂波和更强目标回波旁瓣所掩盖的弱信号目标的检测。由此产生的技术特点是显著改善检测性能，因为多个批次的同时处理和多级流水允许同时实现强杂波/多径对消（由于滤波器权值短时间内即可更新）和提取弱小目标回波的能力，这些弱小目标在传统单级处理技术中很可能无法检测。

该算法可认为是一种广义最小二乘滤波器，包括了发射波形的多普勒频移。尽管通过迭代法进行了简化，但该方法在计算上仍很复杂，并且迭代法也依赖于每个阶段之间的距离-多普勒图的计算。最初用于射电天文的 CLEAN 算法的变形也可以用于无源探测的处理[3,4]，该技术对数据成块处理，在每个相干处理间隔内对对消系数进行一次更新。自适应滤波器还包括归一化最小均方法（NLMS）、递归最小二乘法（RLS）和快速块最小二乘法（FBLS）。

Palmer 和 Searle[5] 针对欧洲数字地面视频广播（DVB-T）波形的维纳滤波、LMS 和 RLS 算法进行了比较，但该比较不包括 FBLS 算法，此算法并未对其他抑制方法进行充分评估[6]。文献[5]也没有对绝对目标强度进行比较讨论，这是一个理应包含的参数。从最近的测试来看，该算法的性能和运行速度要比其他技术快得多，这是在静止平台上实现高效实时无源探测最有前途的算法之一。在文献[7]中介绍的研究结果提供了一些有用的算法比较，包括无直达波信号干扰抑制、维纳滤波或最小二乘法（WF）、CLEAN 算法、归一化最小均方法（NLMS）、快速块最小均方法（FBLMS）和递归最小二乘法（RLS）。这种比较对自适应与块处理方案进行了充分评估，据此可以在设计无源探测系统时选择不同的直达波信号干扰抑制方法。

在此每一项技术都经过了定性分析，通过得到的距离-多普勒图可以获得应用性能和不同方法之间性能变化的一些理解。图 4.4 给出了没有直达波信号干扰抑制时的距离-多普勒图。

图 4.4 显示了整个图像的大部分噪底，噪声处于-60dB 左右，低于此值的目标将被淹没。将其与图 4.5 所示采用了维纳滤波器的

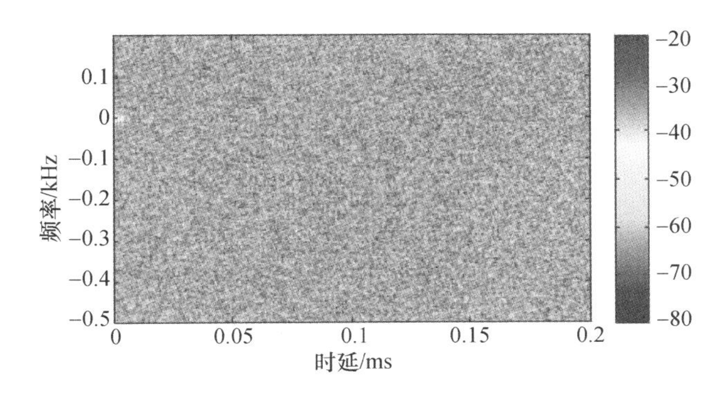

图 4.4　没有进行直达波信号抑制的距离 - 多普勒图

距离 - 多普勒图进行比较可以看到,通过滤波处理后的本底噪声降低到平均约 - 80dB。不仅能够显示接近于零多普勒处的杂波结构,而且清晰地显示了一个时延大约 0.02ms、多普勒频移 - 0.37kHz 的目标,该目标可以被自动检测算法识别。

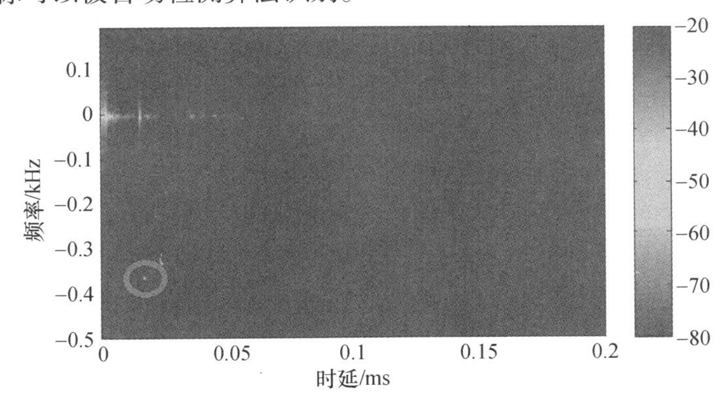

图 4.5　采用维纳滤波器进行直达波信号抑制后的距离 - 多普勒图(图上可见一目标)

图 4.4 和图 4.5 还提出了定量比较的指标[7],包括直达波信号干扰最大水平、噪声基底电平、目标回波信号强度、目标强度 - 噪声基底比(SINR)。这些值以相对于距离 - 多普勒图上的零多普勒、零时延位置的分贝值衡量。总的来说,这些指标可以用于估计探测距离,特别是使用从实际工作的系统中获取的测量值进行估计时。

图 4.6 和图 4.7 显示了对维纳滤波器产生成的距离－多普勒图和快速块最小均方法生成的距离－多普勒图的定性比较，集中在零多普勒附近的区域。在这里，形成的零陷的宽度和深度及其在零多普勒周围的特征对于确定无源探测系统整体的检测性能具有重要影响。它们还可以用来强调对直达波信号的抑制降低到一个简单的度量或一组指标的难度。维纳滤波器可以将零多普勒抑制到－110dB，背景噪声基底具有大约－85dB 的残余值。快速块最小均方法滤波器的结果则完全不同，显示出滤波器在多普勒频率中陷波更宽。这将导致如下结果：零多普勒抑制较大，扩散到正的和负的多普勒值附近，可能导致丢失对较低径向速度目标的检测。快速块最小均方法滤波器可以将维纳滤波器以下的背景噪声降低到平均约－90dB。这意味着，对更高径向速度的目标有更好的检测性能。显然，不同直达波信号干扰抑制方案的效果是复杂的，并且需要在不同技术之间进行权衡，这些技术必须作为无源探测系统设计的一部分加以考虑。表 4.1 用四个指标对主要的直达波抑制滤波器进行了定量比较[7]。

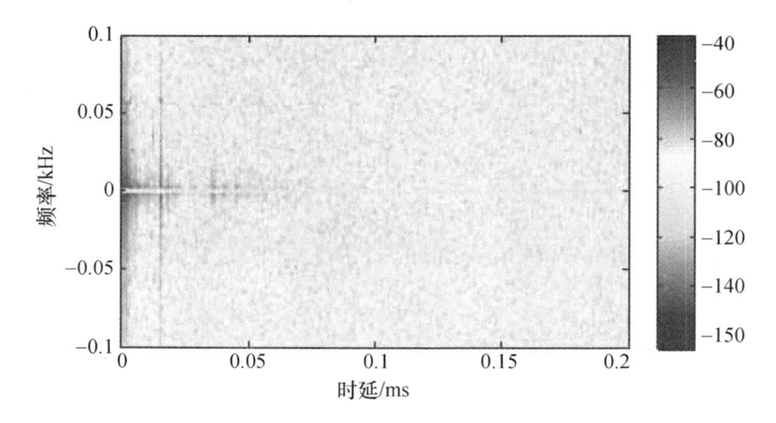

图 4.6　零多普勒附近的维纳滤波距离－多普勒图

计算资源需求是直达波信号干扰滤波方案选择中需要考虑的另一个方面。尽管基于高速 FPGA 处理器可以使用更复杂的方法，但效率和成本仍然是设计上的考虑因素。数字滤波仍然是无源探测系统中改善直达波信号干扰抑制的一个重要发展方向。

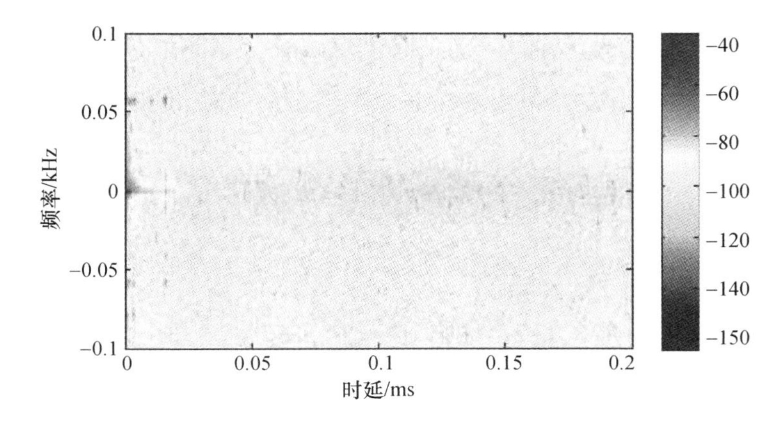

图4.7　零多普勒附近的快速块最小均方法距离－多普勒图

表4.1　直达波信号干扰抑制方法的定量比较

对消方案	最大直达波信号干扰水平/dB	噪声基底/dB	目标强度/dB	SINR/dB
无对消措施	0.0	－61.3	NA	NA
FBLMS	－49.9	－89.2	－52.3	36.9
Wiener	－82.6	－86.2	－52.5	33.7
CLEAN	－18.2	－70.5	－51.3	19.2
NLMS	－51.4	－89.6	－52.9	36.7

4.4　总　　结

在本章中可看到,无源探测系统必须能够探测比直达波信号干扰弱多个数量级的目标。由于大多数无源探测信号的连续性,系统的灵敏度很可能取决于自身造成的干扰源,而不是热噪声。在距离－多普勒处理前抑制直达波信号干扰和杂波是实现最大化有效动态范围的关键,进而能提高检测距离,提高系统整体性能。在监视通道中存在许多抑制直接接收信号电平的技术。有少量的自适应滤波技术已经见诸报道,可以减少直达波信号干扰的影响,并有不同程度的成效。据报道,快速块最小均方法滤波器在抑制性能方面具有显著的优势,并且计算要求低[7]。抑制量、响应时间和实现难度等实用指标可作为选择直达波信号干扰抑制算法的参考。

参考文献

[1] Monzingo, R. A., R. L. Haupt, and T. W. Miller, *Introduction to Adaptive Arrays*, 2nd ed., Raleigh, NC: SciTech Publishing, 2011.

[2] Colone, F., et al., "A Multistage Processing Algorithm for Disturbance Removal and Target Detection in Passive Bistatic Radar," *IEEE Trans. on Aerospace and Electronic Systems*, Vol. 45, No. 2, April 2009, pp. 698–722.

[3] Feng, B., et al., "An Effective CLEAN Algorithm for Interference Cancellation and Weak Target Detection in Passive Radar," *APSAR 2013*, Tsukuba, Japan, September 23–27, 2013, pp. 160–163.

[4] Kulpa, K., "The CLEAN Type Algorithms for Radar Signal Processing," *2008 Microwaves, Radar and Remote Sensing Symposium*, Kiev, Ukraine, September 22–24, 2008, pp. 152–157.

[5] Palmer, J. E., and S. J. Searle, "Evaluation of Adaptive Filter Algorithms for Clutter Cancellation in Passive Bistatic Radar," *2012 IEEE Radar Conference*, Atlanta, GA, May 7–11, 2012, pp. 0493–0498.

[6] Xiang, M. S., et al., "Block NLMS Cancellation Algorithm and Its Real-Time Implementation for Passive Radar," *IET Int. Radar Conf. 2013*, Xi'an, China, April 14–16, 2013.

[7] Garry, J. L., C. J. Baker, and G. E. Smith, "Direct Signal Suppression for Passive Radar," *ISE Signal Processing Symposium*, Debe, Poland, June 10–12, 2015.

第 5 章　无源探测性能预测

5.1　简　　介

对于任何探测系统来说,很重要的一点是准确预测系统各个方面的性能,无源探测系统同样如此。本章通过灵敏度分析提出了一种简单的性能预测方法以甚高频模拟信号(VHF)照射为例分析其可能的探测距离,该方法同样适用于其他形式的照射源。另外,还介绍了与性能预测有关的其他方面的知识,如跟踪参数估计等,但是对跟踪性能预测的详细研究超出了本书的范围。最后对已发表的相关研究内容进行了简要验证,完成了预测性能与实测性能的数据比较。

5.2　预测探测性能的参数

无源探测系统灵敏度分析的基础是第 4 章所述的双基地雷达方程。在进一步详细分析各种参数及其对性能的影响之前,再次写出这个公式:

$$\frac{P_{\mathrm{r}}}{P_{\mathrm{n}}}=\frac{P_{\mathrm{t}}G_{\mathrm{t}}}{4\pi R_{\mathrm{T}}^{2}}\sigma_{\mathrm{b}}\frac{1}{4\pi R_{\mathrm{R}}^{2}}\frac{G_{\mathrm{r}}\lambda^{2}}{4\pi}\frac{1}{kT_{0}BFL} \tag{5.1}$$

式中:P_{r} 为接收信号功率;P_{n} 为接收机噪声功率;P_{t} 为发射功率;G_{t} 为发射天线增益;R_{T} 为发射机到目标的距离;σ_{b} 为目标的双基地雷达散射截面积;R_{R} 为目标到接收机的距离;G_{r} 为接收天线增益;λ 为信号波长;k 为玻耳兹曼常数;T_0 为噪声参考温度,$T_0=290\mathrm{K}$;B 为接收机有效带宽;F 为接收机有效噪声系数;L 为系统损耗。

用该方程预测无源探测系统的性能,最重要的是在无源探测系统的设计中详细考虑这些参数,以及选取合适的值。因此,将依次研究这些性能的取值范围。

5.2.1 发射功率

对于无源探测系统能够利用的许多照射源来说,发射功率是很重要的。例如,广播和通信的接收机通常具有低效率的天线和较差的噪声系数,并且传输路径往往偏离视距,因此发射功率必须足够大以克服低效率和传输损失。表3.1概述了可用于无源探测设计的常见波形。在英国,调频(FM)广播最大的发射功率是每通道250kW(EIRP),还有很多广播的发射功率稍低[1]。模拟电视最大的发射功率是每通道1MW(EIRP)[1]。这些照射源都架设在桅杆较高位置且是全向的,以提供良好的覆盖范围。它们的俯仰方向图是经过设计的,以避免在地面以上的空间浪费太多的能量。

在英国,GSM手机传输的频带是900MHz和1.8GHz。其调制格式为下行和上行波段的带宽为25MHz,分成125个200kHz带宽的频分多址(FDMA)信道,单个基站只使用少量的信道。每个信道有8路信号通过时分多址(TDMA)传输,采用高斯最小频移键控(GMSK)调制。第三代(3G)传输的频带是2GHz,采用码分多址(CDMA)和5MHz的调制带宽。手机基站天线的辐射方向图通常为水平120°扇区,再在俯仰上赋形以避免浪费能量。频率复用的模式是指某些单元在极短的距离内使用相同的频率。被批准的发射功率通常在26dBW左右(相当于地1W高26dB的信号各向同性发射),虽然在某些情况下,实际的发射功率要低一点。Ofcom Sitefinder网站[2]给出了英国境内每个基站的位置和详细的运行参数,是一个非常有用的资源。

在任何可能考虑的情况下,都必须明确用于无源探测的信号频谱功率,这可能与总的信号频谱功率不同。例如,全信号的模糊特性可能不如部分信号好。事实上,如第3章所示,模拟电视传输就是这种情况。用64μs行扫描重复率的全信号存在明显模糊,通过只使用信号频谱的一部分可以实现更好的模糊特性,但代价是降低了信号功率。

5.2.2 双基地雷达的目标散射截面积

在无源探测系统中,目标探测和定位与空间中的双基地雷达截面积、目标方位、目标动态范围和雷达设计参数有关。利用常规的处理方法可以在距离、多普勒和角度中检测目标。目标的雷达散射截面积一般与单基地雷达截面积不同,尽管对于非隐身目标,其取值范围还是同一数量级[3-4]。然而,有关目标双基地雷达散射截面积的文献很少,这仍然是未来还需研究的一个领域。另外,关于双基地杂波测量的报道也很少[5-7],因此需要更加完整的参数才能逼真地计算无源探测的性能。

总的来说,特定目标的双基地雷达截面积的表示并不简单。在没有公认的结果出现之前,最简单的办法是使用双基地等效原理[8],以便在没有更准确的数据公布时,使用和选择单基地等效替换来解决问题。

当双基地角度增加到180°时,在前向散射区域目标横截面积将会大大增加。如第4章所述,低频对利用前向散射更有利,因此可以在足够宽的角度范围内实现目标探测。这意味着,用于无源探测系统的VHF和UHF非常适合利用前向散射效应。然而,高发射功率意味着直达波信号可能淹没前向散射分量。此外,地面发射机和空中目标并不总是满足基线交叉的要求。这两个因素限制了可以有效利用前向散射的条件。Kabakchiev等人[9]演示了海上目标探测的前向散射效应,但使用了专用发射机。前向散射不能直接测量距离;然而如文献[10]所述,可以使用多普勒和方位的组合来估计目标位置。

增强飞机目标双基地雷达截面积的另一种途径是利用飞机底部的镜面反射。然而,这取决于所遇到的镜面反射条件,并且在实际中很难满足。大多数发射机都是将信号指向地球表面,这样可以提高高度上的灵敏度。

5.2.3 接收机噪声系数

VHF和UHF接收机的噪声系数最多为几分贝,因此噪声电平将受外部信号噪声的影响,包括直达波信号、多径和其他同信道信号。除非采取一定措施来抑制这些信号,否则系统的灵敏度和动态范围将受到严重限制。

通过计算间接接收信号与直达波信号的比值,可以得到所需的直达波信号抑制量的简单表达式。改变这个比值当直达波信号增大到接收机噪声的水平,意味着系统性能是受噪声限制而不是受直达波信号的限制,在这种情况下其探测距离与常规雷达设计一样。简单的假设是认为略高于直达波信号的目标可以被检测到,因此它接近单基地雷达常见的单脉冲检测阈值可容忍的最高干扰强度。由于直达泄漏也会积累起来,因此积累的增益可能会受到限制,需要在实际中进行更严格的假设。

为了实现充分的抑制并保持整个系统的动态范围,直达波信号的抵消量必须达到间接信号和直达波信号的比值,例如

$$\frac{P_r}{P_d}=\frac{R_b^2\sigma_b}{4\pi R_1^2R_2^2}>\frac{P_r}{P_d} \tag{5.2}$$

式中:P_r 为目标回波信号;P_d为直达波信号;R_b 为发射机到接收机的距离(双基地基线)。

式(5.2)只是近似的表达式,严格来说,如果采用积累,直达波信号在积累后就应该低于噪声基底。

另外,直达波信号可以通过间接路径非常强地进入接收天线,这是由附近建筑物等物体的局部反射所致。解决这个问题的方法之一是使用阵列天线,可在直达波信号的所有到达角处形成零点。

以实际中位于伦敦南部水晶宫的电视发射机为例,该接收机位于伦敦大学学院,并假定一个 10m^2 雷达散射截面的目标,同时要求最大探测距离为 100km。这相当于要求抑制大约 120dB 的直达波信号。应注意的是,当探测距离从最大值递减时,与非直达波信号相比,直达波信号会下降很多。另外,这份泄漏的信号将随时间而变化并受到多个散射路径的影响。这种情况需要进一步分析来优化设计的性能。

如第 4 章所示,有几种技术可以用来抑制这种泄漏。高增益天线和自适应波束形成的组合还可以使多个照射源同时被利用。

5.2.4 积累增益

在无源探测系统中,直达波信号可用作参考信号,对间接信号或反射信号进行相干积累,从而提供处理增益以提高灵敏度。信号的持续时间和带宽对处理增益有贡献,相当于匹配滤波处理。有效接收带宽 B(通常是传输带宽)与直达波信号的带宽相匹配。因此,将该带宽与相干积累时间 T_{max} 相结合,总的无源探测系统匹配滤波增益为 BT_{max}。

一个典型带宽 7MHz 的 DVB－T 信号与 1s 的相干积累时间相结合，可实现 68dB 处理增益。带宽为 50kHz、积累时间为 1s 的 VHF 频率调制（FM）广播仍具有 47dB 的处理增益。事实上，正是这样的增益处理使得这种无源探测系统在使用大功率的 VHF 发射机时实际的探测距离超过 400km（目标到接收机的距离）。

然而，这种处理增益是有限的。限制相干积累时间的主要是距离和速度单元的徙动两个方面。当目标径向移动到发射机或接收机时，两种形式的徙动都是最大的。双基地加速度也可能导致速度和距离徙动。相干处理增益中积累时间的最大值的近似表达式为

$$T_{\mathrm{MAX}}=\left(\frac{\lambda}{A_{\mathrm{R}}}\right)^{1/2} \tag{5.3}$$

式中：A_{R} 为目标加速度的径向分量。

式(5.3)由牛顿运动方程 $s=ut+1/2\ at^2$ 推出。$1/2at^2$ 项表示由于加速度 A 在时间 t 内的行驶距离，并将其设置为 $\lambda/2$，对应于 360°的相位变化，从而给出了式(5.3)。一些作者使用了这个方程的另一个版本，其分母中的因子为$\sqrt{2}$，对应相干积累时间减少了大约 40%[11]，但保持了较高的增益。这两种近似都是有效的，反映了实际中可能发生的不确定性。无论采用哪种近似，最大处理增益都为

$$G_{\mathrm{p}}=T_{\mathrm{MAX}}B \tag{5.4}$$

最大处理增益还取决于目标回波保持相参的时间。大多数非自然目标（如飞机）都很复杂，这意味着随着时间的推移，由于它们取向的变化，雷达接收到的散射越来越不相参。FM 和 DVB－T 无源探测系统的典型处理时间为 0.1～1s，作为距离和速度单元徙动与目标回波相参性之间的折中。

5.2.5　系统损耗

无源探测系统的损耗与其他探测系统没有区别，都是由系统或各种传播效应引起的损耗。无源探测系统需额外注意的是照射源的特定发射模式。例如，FM 或 DVB－T 照射源被设计为覆盖地面上的一个区域，因此导致俯仰面中的辐射减小。然而，天线的设计加上相应较长的波长意味着在地面之上还有相当大的辐射。这可以用于飞机检测，

但功率密度不是全向辐射的，因此总的探测距离也小于全向辐射条件下的情况。在很多情况下，波束方向图可从国家机构获得，并更好地用于估计探测距离。其他照射源也是如此，例如 Gao 等人[12]在距离计算中使用了 WiMAX 照射源及其接收机的天线增益方向图。感兴趣的照射源发出的波形用于无源探测可能并不理想，因此可能发生信号处理损失。对于不同的照射源类型，必须根据具体情况考虑这一点。无源探测系统的传播损耗也有一定的不同，因为照射源的位置不在雷达设计者的控制之下（在较小程度上接收机也一样）。这对探测距离具有非常重要的影响，因为照射源通常是面向地面的，并且在人口密度最高的地区选址以被最大限度地接收。这可能与用于空中交通管理应用的 FM 或 DVB – T 无源探测系统中主要的观测区域不一致。许多外辐射源的传播模型也可从国家机构获得，但是它们可能会有很大的变化。Barrott[13]比较了两种模型，即高级折射效应预测系统模型（AREPS）和不规则地形模型（ITM）。AREPS 和 ITM 分为点对点和点对面模型。虽然它们是为了相似目的而开发，但计算方法大相径庭。此外，它们所呈现的结果在传播预测中显示出了明显差异，因此在雷达覆盖范围和探测距离上也有着显著差异。因此可以得出结论，在使用这些模型时要非常小心，以确保它们真正为雷达性能预测增加可信的实际意义。

5.3 探测性能预测

以上所有内容表明，使用双基地雷达探测系统预测无源探测系统的性能在选择参数值时必须要小心。本节将展示三个“稻草人”系统的性能预测，试图预测可能实现的性能并确定关键因素。所考虑的系统使用了调频广播、手机基站和数字广播。在每种情况下，都假设使用了全向接收天线，噪声系数为 5dB，损耗为 5dB，并且完全抑制了直达波信号的泄漏。

FM 广播传输的固有特性是具有非常广泛的覆盖范围和相对较高的发射机功率。考虑的例子是使用位于英格兰东南部 Wrotham BBC 公司的发射机和位于伦敦市中心 UCL 工程楼的接收机。发射机的发射功率为 250kW，频率范围为 89.1 ~ 93.5MHz。图 5.1 显示了一个雷

达截面积为 $100\mathrm{m}^2$、积累时间为 1s、调制带宽为 55kHz 的目标的探测距离图。白色区域的起始处表示信噪比为 15dB 的轮廓（并且这将用于表示所有后续的此类型图）。

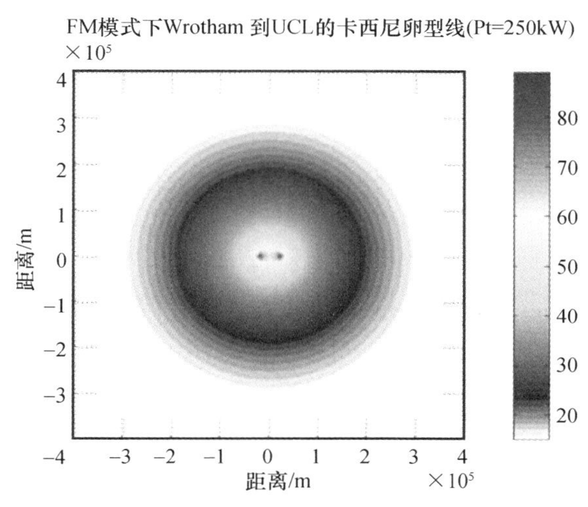

图 5.1　英国东南部 Wrotham 的发射机和位于 UCL 的接收机组合的探测距离

注意调制带宽远小于发射指定带宽。回顾第 3 章，调制带宽是节目内容的函数，因此也是时间的函数，55kHz 代表要发射信号带宽的典型值。在近 300km 的距离内保持了 15dB 或更大的信噪比。但这是一个自由空间的计算，并没有包含地形和传播的影响。因此，它很可能代表最佳情况，实际的探测距离性能会低于预计。应注意的是，当接近最大探测距离时双基地系统开始近似于单基地系统。此时，卡西尼卵型线近似为圆，代表恒定多普勒轮廓线（isodops）的双曲线近似为单基地雷达时的半径。如果能够合理地进行这种近似，将简化大量的处理过程，使双基地无源探测系统更容易设计和评估。例如，在这种近似条件下，将目标和杂波特征使用单基地值是合理的。应进一步注意的是，整个英国的发射机的发射功率从 4W 到最大 250kW 不等，这种变化必须仔细考虑在性能预测中。

图 5.2 显示了当利用第二个不同的发射机时，探测距离会发生的

变化。这里使用位于伦敦南部 Crystal Palace 的发射机,发射功率降低到 4kW。正如预期的那样,探测距离明显减少,因为发射功率大约减少了 18dB。信噪比为 15dB 的探测距离刚达 100km。图 5.3 说明了当两个发射机非相干积累时探测距离的变化情况,联合后的探测距离扩大到 300km 以上。

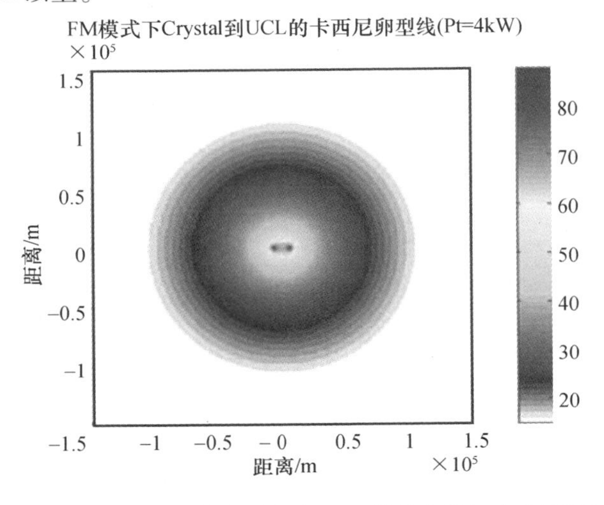

图 5.2 Crystal Palace 的发射机和 UCL 的接收机组合的探测距离

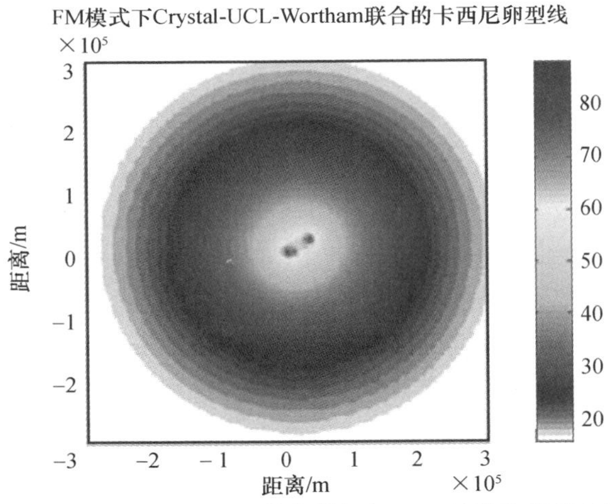

图 5.3 Wrotham 和 Crystal Palace 的发射机与 UCL 的接收机组合的探测距离

另一种方法是独立处理来自每个发射机的探测结果,然后将它们融合,因为这更简单。初看起来,可能认为相参积累会产生最高的积累效率。然而,完全相参的组合通常不可能,因为发射机可能使用不同的频率且不是相位相干的。总的来说,较高的发射功率和良好的覆盖范围使得FM广播特别适用于民用和军用中的空中目标探测。同样,它们可以用于沿海水域的海洋导航,尽管那时杂波可能是一个更重要的因素。

在另一个例子中使用了手机基站发射机,其参数列于表5.1。

表5.1　位于英国伦敦高尔街北的手机基站参数

运营商名称	T-MOBILE
运营商站点索引号	98463
天线高度/m	35.8
频率/MHz	1800
发射功率/dBW	26
最大许可功率/dBW	32
传输类型	GSM

该发射机工作频率为1800MHz,位于高尔街北端且距UCL工程楼的接收机大约200m。其他参数与第一个例子一样。探测距离如图5.4所示,最大距离为12km。

正如预期的那样,在发射机功率大大降低的情况下,预测的探测距离远远小于前面的示例。因此,这种发射机的应用有些局限。然而,由于存在众多类似的基站发射机组成网络,通过这样的网络可以跟踪目标,因此探测距离大大扩展。这种特性可以进一步扩展应用范围,包括交通流量管理中车辆的计数、建筑物周围移动安全设备的远程监控以及充当摄像机系统的引导。

第三个例子使用Crystal Palace的数字音频广播(DAB)发射机,它的发射功率为10kW。图5.5显示了最终的探测距离。正如预期的那样,对更高功率的发射机探测距离扩展到约90km。应注意的是,尽管其发射功率高于Crystal Palace的FM广播发射功率,最大探测距离却比它小,这是由于较高的频率抵消了较低的发射功率。还应注意的是,这种发射机的输出功率为500W~10kW。此外,尽管新的发射机不断

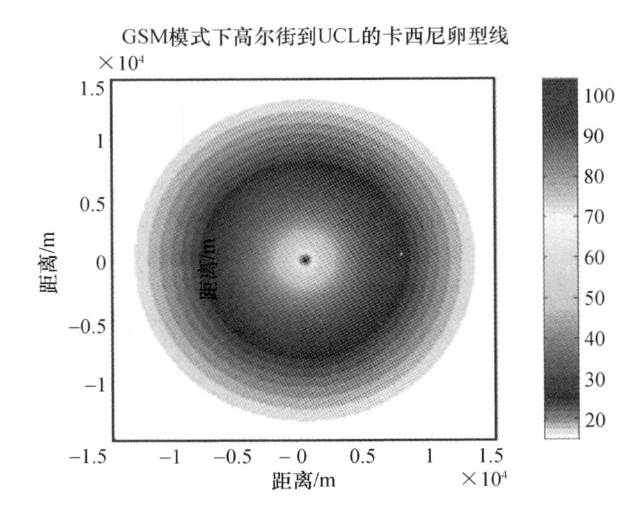

图 5.4　位于伦敦高尔街北端的手机基站和 UCL 的接收机组合的探测距离

增加,但目前单个发射机站点的覆盖范围并不像 FM 广播那样广。同时可以看出,多个发射机和不同频率的组合,其性能将取决于所选发射机的特定参数。

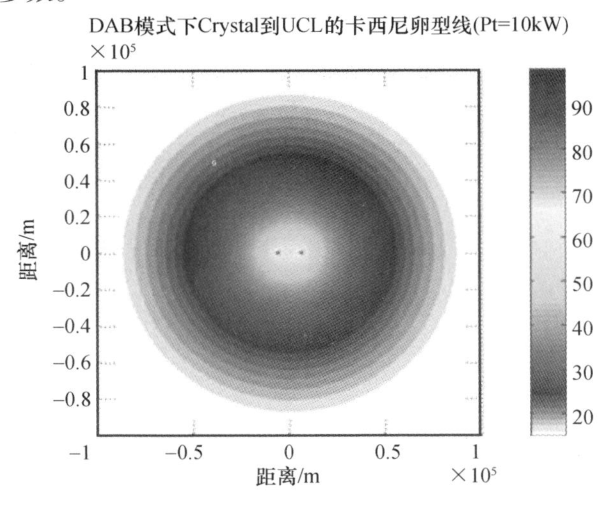

图 5.5　Crystal Palace 的 DAB 发射机和 UCL 的接收机组合的探测距离

如前所述,无源探测系统设计的优点之一是可以在单个接收机站点上利用几种不同类型的发射机。这提供了频率分集和空间分集的优点,因此使得无源探测系统近似于多站点雷达组网系统(布置多个发射机和一个接收机)。

总体而言,对计算参数进行了慎重考虑后,预测无源探测系统的设计性能具有较高的准确度和置信度。尽管如此,这种预测的结果应视为预期的性能,并且这种计算需要评估选择不同设计参数(如不同接收机位置)的影响。5.4 节将通过一些实例对预测性能和实测性能进行比较。

5.4　预测性能和实测性能的比较

也许对检测性能最完整的研究是由 Malanowski 等人完成[14]的。他们把雷达方程用于无源探测,并考虑了实验中使用的 FM 发射机的具体参数情况。他们在计算动态范围以及探测距离时也考虑了照射源辐射范围的影响。自由空间最大探测距离计算结果为 440km,并随后讨论了前面章节中提到的各项参数的影响。这些实验使用了 FM 体制的 PaRaDe 无源探测系统(见第 7 章),其双基地距离为 700 km,探测到了距离接收机约 350km 的目标。他们指出,自由空间计算的探测距离与实测的探测距离之间的差异是由许多因素造成的,如 FM 波段的干扰、真实目标雷达截面的不确定性、传输和多径损耗等。然而,FM 体制的无源探测系统使用单个发射机作为外辐射源的探测距离达到了惊人的 350km,为空中交通管理和防空应用中无源探测的潜力提供了有力的说明。

5.5　目 标 定 位

无源探测系统跟踪性能的预测受到的关注比其探测性能相对较少,但在许多应用中仍然是至关重要的。传统的单基地雷达使用距离、角度(俯仰和方位)和速度分辨率的组合来提供目标位置和速度的良好估计,然后使用早迟门和单脉冲技术来提高位置估计精度。这些估计值包含测量噪声,但可以使用自适应卡尔曼滤波来进行平滑处理。FM 体制的无源探测系统具有一些影响跟踪性能的额外特性。FM 体制的无源探测系统具有相对较差的角度和距离分辨率,但多普勒分辨率非常好(由于较长的相参积累时间)。如果目标可以分解为在四维(4D)分辨单元的每一个中仅出现一个,则它们将可以得到更精确的位置估计。Malanowski 和 Kulpa [15]比较了一些估计方法,只考虑单个目标并提供跟踪精度结果。它们显示了跟踪精度如何依赖于目标积累时间,而目标积累时间又如通过对信噪比的影响决定了测量噪声。

5.6 先进的无源探测性能预测

许多无源探测的照射源固有特征之一是通常有多个可用的发射机并且每个又可能具有多个发射频率。文献[16-18]介绍利用多个频率的性能,文献[19]计算了 MIMO 传输下的性能,所有这些都使用 FM 体制的无源探测系统配置。特别是 Han 和 Inggs[19]表明,使用 Neyman-Pearson 假设可以推导出检测概率的闭式表达式。他们用这个来证明探测性能随着 MIMO 无源探测系统中发射机和接收机的数量增加而提高。这种计算有些理想化,但与文献[16-18]中介绍的实验结果一起表明,提高无源探测系统的性能还有很大的空间,可以克服使用为其他目的而设计的照射源带来的一些缺点和损失。

Tan 等人[20]分析了机载无源探测系统的目标探测性能。他们强调目标探测性能很大程度上取决于相对机载接收机不断变化的几何构型。他们还表明,双基地条件下地杂波功率大大降低(因为地面距离更远),因此在该系统有效的探测距离内直达波信号的抑制是至关重要的。值得注意的是,Brown[21]介绍了 FM 机载无源探测系统的实验结果,并强调了直达波信号处理的重要性,同时证明其在机载处理的可实现性。

5.7 总　　结

本章将双基地探测方程改写成易于反映无源探测系统设计特点的形式,这凸显了双基地几何布局的重要性以及对照射源波形特性的依赖性。双基地反射的形式和特性还没有被广泛周知，需要进一步深入研究。目前已经提出了一个经验表达式，表明需要较高的直达波信号抑制来保证较大的探测距离。

对各种外辐射源的探测距离和覆盖范围的预测表明，接收机探测距离可达 350km，当然这是高度依赖于照射源特性的。但是，同等规模系统的性能将接近此处预测的水平。因此，只要与照射源可用性的限制不冲突，无源探测可支持相当广泛的应用。实际上，射频照射源的数量无疑将进一步增加，无源探测的应用也将变得更加引人注目。此外，SAR、逆合成孔径雷达（ISAR）、干涉测量等复杂处理技术都可以被利用，这些技术的例子将在第 7 章中进行描述，且会对模糊函数的特性进行评估和研究。通过这种方式，对实际雷达性能的预测会更加真实，从而为建立无源探测系统设计专业的方法奠定坚实的基础。

参考文献

[1] http://www.bbc.co.uk/reception/, accessed October 17, 2016.

[2] http://www.sitefinder.ofcom.org.uk/, accessed October 17, 2016.

[3] Jackson, M. C., "The Geometry of Bistatic Radar Systems," *IEE Proc.*, Vol. 133, Pt. F, No. 7, December 1986, pp. 604–612.

[4] Kell, R. E., "On the Derivation of Bistatic RCS from Monostatic Measurements," *Proc. IEEE*, Vol. 53, August 1965, pp. 983–988.

[5] Larson, R. W., et al., "Bistatic Clutter Measurements," *IEEE Trans. on Antennas and Propagation*, Vol. AP-26, No. 6, 1978, pp. 801–804.

[6] Wicks, M., F. Stremler, and S. Anthony, "Airborne Ground Clutter Measurement System Design Considerations," *IEEE AES Magazine*, October 1988, pp. 27–31.

[7] McLaughlin, D. M., et al., "Low Grazing Angle Bistatic NRCS of Forested Clutter," *Electronics Letters*, Vol. 30, No. 18, September 1994, pp. 1532–1533.

[8] Willis, N. J., *Bistatic Radar*, Raleigh, NC: SciTech Publishing, 2005.

[9] Kabakchiev, C., et al., "CFAR Detection and Parameter Estimation of Moving Marine Targets Using Forward Scatter Radar," *12th International Radar Symposium*, Warsaw, September 2011, pp. 85–90.

[10] Howland, P. E., "Target Tracking Using Television Based Bistatic Radar," *IEE Proc Radar, Sonar and Navigation*, Vol. 146, No. 3, 1999, pp. 166–174.

[11] Malanowski, M., and K. Kulpa, "Analysis of Integration Gain in Passive Radar," *2008 Int. Radar Conference*, Adelaide, Australia, September 2–5, 2008, pp. 323–328.

[12] Gao, G., Q. Wang, and C. Hou, "Power Budget and Performance Prediction for WiMAX Based Passive Radar," *6th Intl. Conference on Pervasive Computing and Applications*, Port Elizabeth, South Africa, October 26–28, 2011, pp. 517–520.

[13] Dabrowski, T., W. Barrott, and B. Himed, "Effect of Propagation Model Fidelity on Passive Radar Performance Predictions," *2015 IEEE Int. Radar Conference*, Arlington VA, May 10–15, 2015, pp. 1503–1508.

[14] Malanowski, M., et al., "Analysis of Detection Range of FM-Based Passive Radar," IET Radar, Sonar and Navigation, Vol. 8, No. 2, 2014, pp. 153–159.

[15] Malanowski, M., and K. Kulpa, "Analysis of Bistatic Tracking Accuracy in Passive Radar," 2009 IEEE Radar Conference, Pasadena CA, May 4–8, 2009.

[16] Malanowski, M., et al., "Experimental Results of the PaRaDe Passive Radar Field Trials," *13th International Radar Symposium*, May 23–25, 2012, pp. 65–68.

[17] Edrich, M., and A. Schroeder, "Design, Implementation and Test of a Multiband Multistatic Passive Radar System for Operational Use in Airspace Surveillance," *2014 IEEE Radar Conference*, Cincinnati, OH, May 19–23, 2014, pp. 0012–0016.

[18] Bongionni, C., F. Colone, and P. Lombardo, "Performance Analysis of a Multi-Frequency FM Based Passive Bistatic Radar," *2008 IEEE Radar Conference*, Rome, Italy, May 26–30, 2008.

[19] Han, J., and M. Inggs, "Detection Performance of MIMO Passive Radar Systems Based on FM Signals," *CIE International Conference on Radar*, Vol. 1, Chengdu, China, October 24–27, 2011, pp. 161–164.

[20] Tan, D. K. P., et al., "Target Detection Performance Analysis for Airborne Passive Radar Bistatic Radar," *2010 IEEE International Geoscience and Remote Sensing Symposium*, Honolulu, HI, July 25–30, 2010, pp. 3553–3556.

[21] Brown, J., "FM Airborne Passive Radar," Ph.D. thesis, University College London, 2013.

第6章　检测和跟踪

6.1　简　　介

许多雷达方面的应用要求对目标进行检测和跟踪。首先是检测，目的是简单地判断目标的存在或不存在，其次是估计检测到的目标的位置，然后对这些位置滤波以给出目标位置的改进和平滑估计，并且连续执行此操作从而获得目标轨迹。换句话说，检测目标并不是雷达的全部工作。在实际中，雷达所要求输出的是各个目标的轨迹，显示其演变和方向。一般而言，这可以通过雷达专注地跟踪各个目标来实现，也可以通过在方位扫描时采取边跟踪边搜索处理的方式同时检测多个目标来实现。接下来的任务是将单个目标的检测关联起来，并根据时间确定它们的运动趋势。无源双基地探测系统的情况有些不同，因为照射源一般是全向辐射。另外，对于更常用的 VHF 和 UHF 辐射系统，接收天线的波束通常非常宽，约为 90°。这意味着，目标的位置可能非常不准确，并且角度信息也很模糊。它们的距离分辨率也比较低，VHF 为数千米而 UHF 为数十米。然而，无源探测系统可以比传统搜索雷达更快地进行航迹刷新，因为搜索雷达的刷新时间被固定的波束扫描时间所限制。在无源探测系统中，目标被持续照射，而回波也是连续被接收到的，这意味着刷新时间几乎是无限短的。本章的目的是说明如何处理无源探测中的检测过程，以提供可用的目标轨迹。

6.2　恒定虚警率检测

无源探测中的检测可以采用传统方法，因此将更多地关注跟踪阶段的处理。尽管如此，为了设定场景，下面简要介绍一种常用的处理技术，用于检测无源探测的目标。对于感兴趣的读者，入门级教科书《现代雷达原理》提供了 CFAR 检测的极好概述[1]。

处理的第一阶段是检测是否存在目标。一种常用方法是恒定虚警率(CFAR)检测器实现目标检测,根据周围噪声和杂波设置自适应检测阈值。Howland[2]在描述基于 FM 广播发射机的无源探测系统时提到,传统的带有保护单元的单元平均 CFAR 是合适的,考虑到 FM 广播无源探测的粗糙距离分辨率($B = 50\text{kHz}$ 提供的分辨率为 $C/2B = 3\text{km}$),其 CFAR 窗为 10 个单元。

图 6.1 显示了基于单个 FM 广播发射机与单个接收机的 PBR 系统的原始和 CFAR 检测的距离 - 多普勒图,检测南非比勒陀利亚附近的飞机目标。以这种方式,目标与特定的距离和多普勒组合所关联,并且这些值与可能的目标位置范围进行比较,从而很多不正确的值可以排除。最终的整体性能是发射机和接收机参数以及监视空域中的目标数量和它们相对于彼此实际位置的函数。一旦检测到目标并将其匹配到距离、多普勒和方位单元,就可以对其位置进行估计,然后将其馈送到跟踪滤波器以获得平滑改进后的位置估计。这是一个持续不断的过程,随着时间的推移不断显示目标跟踪历史。6.3 节将介绍位置估计技术。

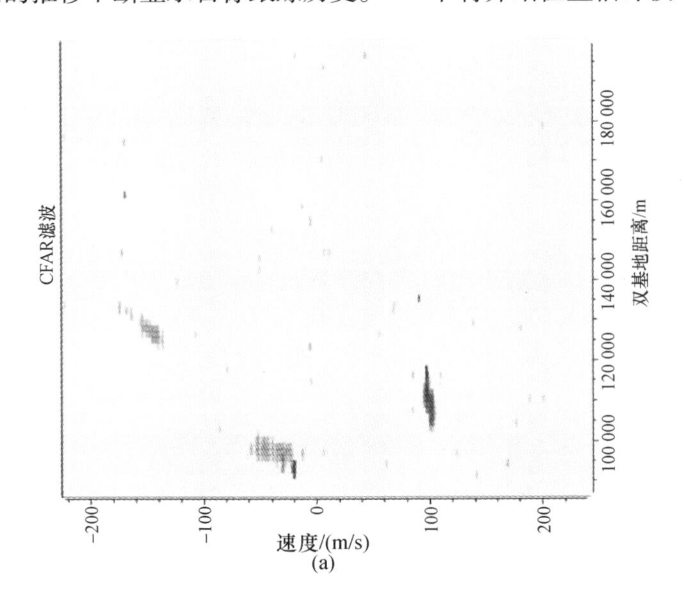

(a)

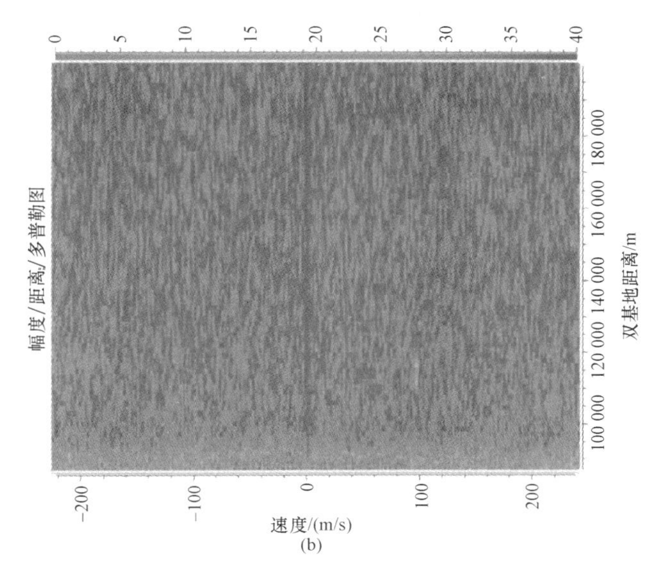

图 6.1　原始和 CFAR 检测的距离 - 多普勒图
(由 UCT 的 Craig Tong 博士提供)

6.3　目标位置估计

6.3.1　等距椭圆

无源探测接收机的每个目标的回波信息可能包含双基地距离和($R_T + R_R$)、到达方向角(DOA)和多普勒频移。双基地距离和是测量接收到的发射机直达波和目标回波之间的时延$(R_T + R_R - L)/c$来获得的,通常是由回波与干净的直达波进行互相关处理来得到的。因此,如果已知 L,则可以直接获得 $R_T + R_R$。这三种测量值可以单独或组合使用。对于特定的双基地发射 - 接收对,双基地距离和定义了一个等距椭圆,目标必须位于该椭圆上,发射机和接收机作为两个焦点(图 6.2)。如果在接收机处测量到回波的 DOA,就明确了目标在椭圆上的位置。

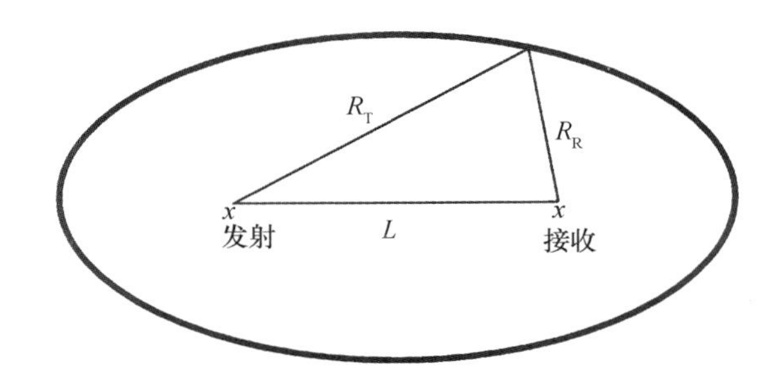

图 6.2　由“$R_T + R_R$ = 常数”定义的等距椭圆

另外,如果来自多个发射－接收对的双基地距离和信息可用,则可以从等距椭圆相交的点确定目标位置(图 6.3)。

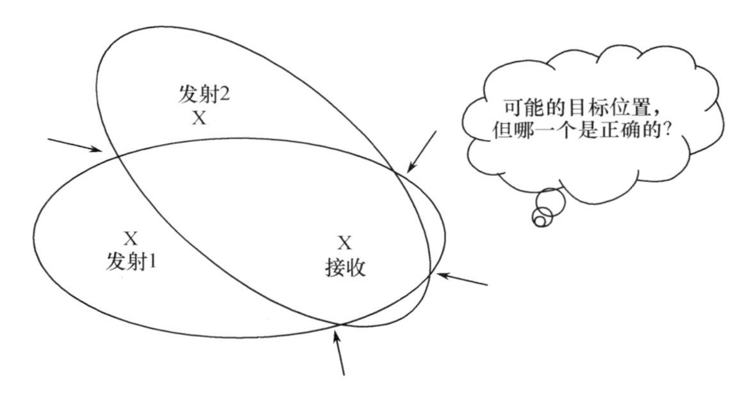

图 6.3　对应于 1 个发射机和 2 个发射机条件的单目标双基地距离和等距椭圆
注:1 个发射机和 2 个接收机也会出现类似的情况。椭圆相交于 4 个位置,其中只有 1 个位置与真实目标位置相对应,其他位置则是“鬼影”。

然而,因为存在好几个这样的交叉点,所以这些信息几乎总是模棱两可的,需要一些识别正确信息并且排除其他信息的方法。这可能需要采用多交叉点的等距椭圆形式(图 6.4)或使用多普勒信息。

在 Jim Caspers 之后,人们将这些模棱两可的目标位置称为“卡斯帕鬼影”(Caspers'Ghosts),Caspers 是 Skolnik 的《雷达手册》第一版中关于双基地雷达章节的作者[3]。在一般情况下,对于 N 个发射－接收对和 n 个目标,潜在的“鬼影”的数量为

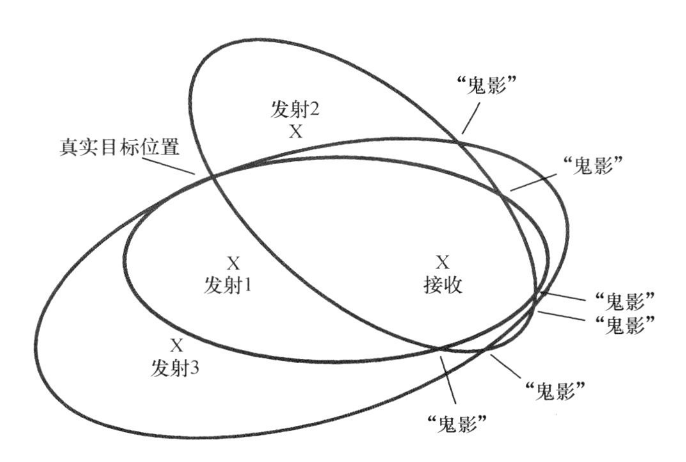

图 6.4　对应于 1 个接收机和 3 个发射机条件的单目标双基地距离和等距椭圆

注:3 个椭圆相交于 1 个点,这是真正的目标

位置。但在这种情况下,存在两两椭圆相交的其他多个“鬼影”位置。

$$\frac{(2n^2-n)(N^2-N)}{2} \tag{6.1}$$

自然而然地,人们将识别和去除“鬼影”的过程称为“捉鬼”。

图 6.5 说明了使用多普勒信息分辨“鬼影”的情况,图 6.5 来自 7.6 节介绍的机载无源探测系统。这里的接收机由飞机搭载,飞越英格兰东南部。对应于 Wrotham 和 Guildford 的商用飞机目标和两个频率调制(FM)广播发射机的等距椭圆标记为 A 和 B。该图还标出了对应多普勒矢量所测得的多普勒频移,参考了携带接收机的飞机的已知速度和方向。

6.3.2　到达时间差

完成目标定位的另一种方式是根据成对接收机处回波的到达时间差(TDOA),这在形式上与无线电定位和导航中的一些问题类似。图 6.6 显示了单个发射机和两个接收机的情况(发射机和接收机具有互易性)。在两个接收机处回波的 TDOA 为

$$\frac{(R_{\mathrm{R}_1}-R_{\mathrm{R}_2})}{c} \tag{6.2}$$

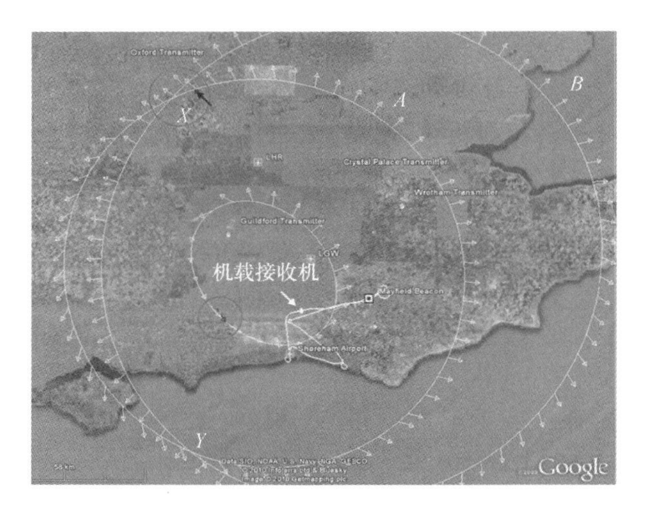

图 6.5 多普勒解模糊[4]（由 James Brown 博士提供）

注：对应于商用飞机目标和两个 FM 广播发射机的等距椭圆标记为 A 和 B。椭圆相交于 X 和 Y 两点。X 处的多普勒矢量一致，而 Y 的多普勒矢量不一致，表明 X 是正确的目标位置而 Y 是"鬼影"。黑色箭头显示从 ADS/Mode - S 信息获得的目标位置和矢量，提供独立的确认信息。

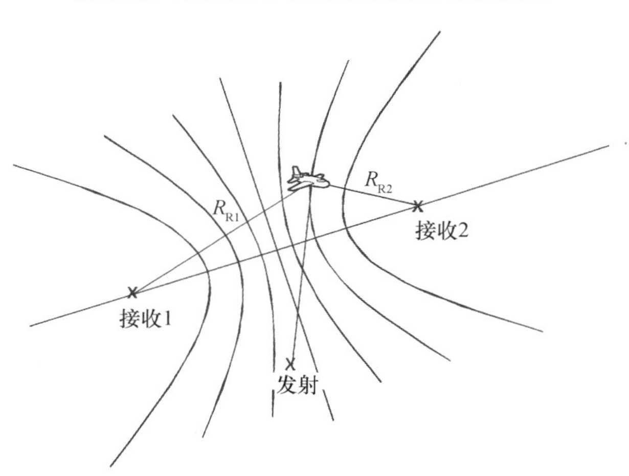

图 6.6 在两个接收机处的回波 TDOA 是$(R_{R1}-R_{R2})/c$

恒定 TDOA 的轮廓是双曲线。通过组合来自几对接收机的测量值,可以将双曲线相交的点确定为目标位置。在三维情况下,一般至少需要 3 个接收机对。

Malanowski 和 Kulpa[5] 指出,由于目标位置与测量参数之间的非线性关系,解决这个问题具有一定的挑战性。他们推导和分析了两个闭式解,并定义了球面插值(SI)和球面相交(SX),然后通过仿真和实测数据对它们进行评估。图 6.7 显示了由 3 个发射机(标记为三角形)和 1 个接收机(标记为圆圈)组成的无源探测系统的仿真误差和理论误差,这是 x 方向位置误差的函数。可以参见文献[5]了解算法和结果的全部细节。

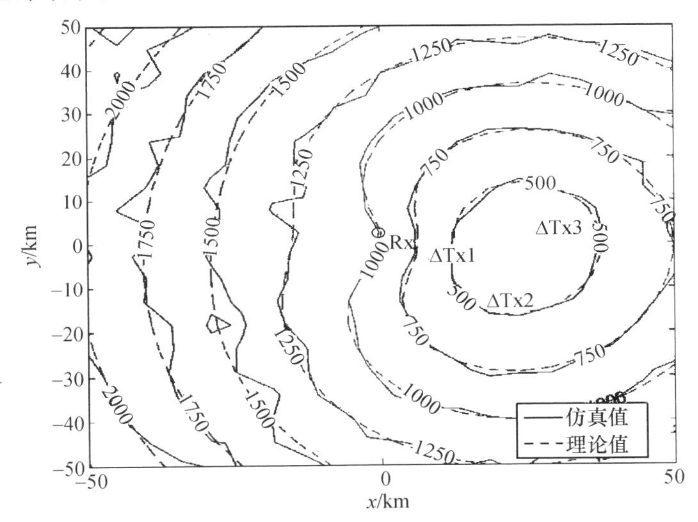

图 6.7　x 方向上位置误差的仿真(实线)和理论(虚线)标准差[5]

6.3.3　距离 - 多普勒图

通过解析距离 - 多普勒值来分离目标有助于消除模糊性。无源探测系统通常使用 1s 量级的积累时间。1s 的积累时间相当于 1Hz 的多普勒分辨率,这代表了非常高的分辨率。多普勒提供了至少一个跟踪参数,即高精度的目标速度,这在消除模糊方面起着关键作用。常规的技术,如速度门、高速和低速滤波器,可以用来进一步提高目标速度的估计精度。通常以距离 - 多普勒图的形式展示来自接收机的信息。多普勒信息通过对每个距离分辨单元内适当积累时间的信号进行快速傅里叶变换处理而获得,并且绘制为距离和多普勒的函数。在第4章中描述的抑制之后,任何残留的直达波和杂波都出现在零多普勒和近距离处,并且目标将在适当的双基地距离－多普勒处可见,如图6.8所示。

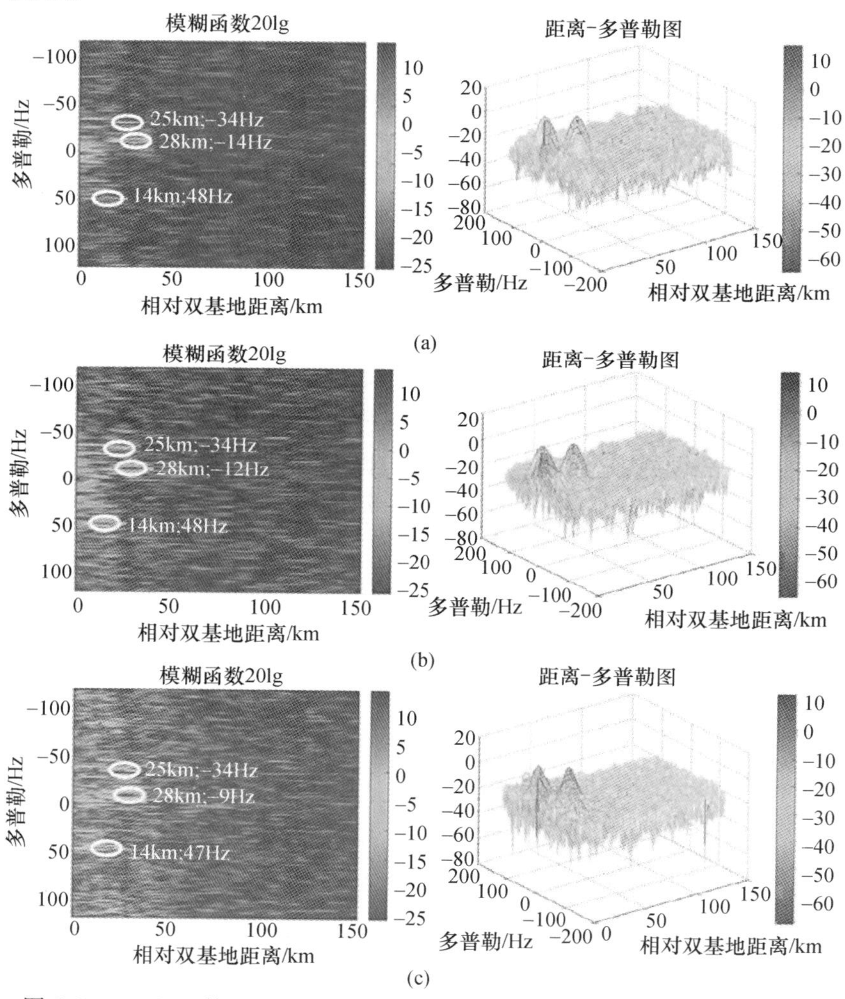

图6.8 Wrotham 的 BBC 91.3 MHz FM 的双基地雷达二维距离－多普勒图[6]

注:图(a)～(c)显示了三个连续的1s数据块。

6.4　跟踪滤波

已经获得了检测目标的位置(测量估计值)之后,下一阶段是使用跟踪滤波来优化那些估计值,并且提供可以观察目标轨迹历史的连续输出集合。相关文献中已经描述了用于无源探测的各种跟踪滤波的使用方法,它们都涉及跟传统雷达跟踪相同的航迹起始、关联、航迹确认、目标状态估计和航迹删除等基本操作,读者可参考有关标准和进阶雷达跟踪技术的著名书籍[7-10]。事实上,考虑到上述无源探测的特性,可以调整传统的跟踪方法。在这里,我们使用一个基于 Howland[2] 已发表的研究为例,该研究使用了最常见的跟踪滤波方法——卡尔曼滤波。

6.4.1　卡尔曼滤波

Howland 的方法[2] 是在基础的卡尔曼滤波之上使用了距离-多普勒和 DOA 信息,在文献[8]中 1.5 节里进行了描述。使用与文献[2]相同的描述和记法,测量矢量 $\boldsymbol{z}(k)$ 由测量到的距离 R_k、多普勒 F_k 和方位 $\boldsymbol{\Phi}_k$ 组成,即

$$\boldsymbol{z}(k)=(R_k,F_k\boldsymbol{\Phi}_k)' \tag{6.3}$$

状态矢量 $\boldsymbol{x}(k)$ 由距离、距离变化率、多普勒、多普勒变化率、方位角和方位角变化率组成,即

$$\boldsymbol{x}(k)=(r(k)\,\dot{r}(k)f(k)\dot{f}(k)\phi(k)\dot{\phi}(k))' \tag{6.4}$$

状态转换矩阵为

$$\boldsymbol{F}(k)=\begin{pmatrix}1&0&-\lambda\tau&0&0&0\\0&0&-\lambda&-\lambda\tau&0&0\\0&0&1&\tau&0&0\\0&0&0&1&0&0\\0&0&0&0&1&\tau\\0&0&0&0&0&1\end{pmatrix} \tag{6.5}$$

式中:τ 为更新间隔;λ 为波长。

所以

$$\boldsymbol{x}(k+1|k)=\boldsymbol{F}(k)\hat{x}(k|k) \tag{6.6}$$

状态预测协方差矩阵根据以下来更新，即

$$\boldsymbol{P}(k+1|k)=\boldsymbol{F}(k)\boldsymbol{P}(k|k)\boldsymbol{F}(k)'+\boldsymbol{Q}(k) \tag{6.7}$$

状态转换矩阵定义为常规形式

$$\boldsymbol{F}(k)=\begin{pmatrix}1 & \tau & 0 & 0 & 0 & 0\\ 0 & 1 & 0 & 0 & 0 & 0\\ 0 & 0 & 1 & \tau & 0 & 0\\ 0 & 0 & 0 & 1 & 0 & 0\\ 0 & 0 & 0 & 0 & 1 & \tau\\ 0 & 0 & 0 & 0 & 0 & 1\end{pmatrix} \tag{6.8}$$

在这个实例中，定义相关门为

$$[z-\hat{z}(x+1|k)]'S(k+1)^{-1}[z-\hat{z}(x+1|k)]\leqslant\gamma \tag{6.9}$$

这个门的阈值 γ 设置为 11.4，这对应于具有三个自由度的 0.99 的概率。如果维持前面的轨迹，这个门的大小要增加 1.5 倍。

跟踪的处理流程[2]描述如下：

(1) 根据式(6.9)中定义的相关门，利用距离 $\hat{Z}(k+1|k)$ 最近的、落在门内的点，更新所有已确认的轨迹。如果不存在这样的点，则利用速度信息。

(2) 根据式(6.9)中定义的相关门，利用剩余的点中距离 $\hat{Z}(k+1|k)$ 最近的、落在门内的点更新所有起始的航迹，如果不存在这样的点，则利用速度信息。

(3) 利用剩余的点初始化新的轨迹。

与常规卡尔曼滤波一样，卡尔曼增益控制着测量噪声和过程噪声之间的误差，其选择取决于测量精度和所跟踪目标的运动行为。文献[2]描述了这种算法在荷兰基于单个 FM 广播发射机和单个接收机的无源探测系统中的应用，演示了北海上空商用飞机目标的实时可靠跟踪距离超过 150km。

6.4.2　概率假设密度跟踪

另一种是 Tobias 和 Lanterman 采用的方法[11]，它使用概率假设密度(PHD)方法解决了“鬼影”剔除和目标状态估计两个问题，其最初由 Mahler 开发[12]。PHD 定义为当在任何给定区域上积分时描述该区域中预期存在的目标数量的函数。

他们使用粒子滤波实现方程更新，其中 PHD 由粒子集合及其相应权重表示。使用与文献[12]相同的记法，在每一个时间步长 k 中，滤波中的每个粒子都是以下形式的矢量，并且具有权重 $w_{i,k}$：

$$\boldsymbol{\xi}_i = [x_i \; y_i \; \dot{x}_i \; \dot{y}_i]^{\mathrm{T}} \tag{6.10}$$

式中：(x_i, y_i) 为粒子的位置；$(\dot{x}_i, \dot{y}_i)$ 为粒子速度分量。

根据 PHD 的定义属性，可得

$$\tilde{N} = E[\text{目标个数}] = [N_{k|k}]_{\text{最近整数}} \tag{6.11}$$

式中

$$N_{k|k} = \sum_i w_{i,k} \tag{6.12}$$

具体而言，PHD 可以完成：①自动估计目标数量；②解析“鬼影”目标；③融合传感器数据(双基地发射-接收对)，而不需要任何明确的轨迹输出关联[13]。

对华盛顿州飞行的两架飞机目标进行仿真试验，使用三个双基地发射-接收对测量其距离和距离/多普勒参数。发射机是三个当地的 VHF FM 广播，接收机是洛克希德·马丁公司“寂静哨兵”雷达使用的接收机，距离发射机 30～50km。该仿真试验假设具有足够的目标可见度，覆盖范围重叠且没有多径效应，计算出的 SNR 为 12.2～32.5dB。

在考虑最简单的条件下，仿真开始于独立且随机地将粒子的二维位置和速度分量分配到每个发射-接收对的视场内。粒子的初始权重设置为零。然后这些粒子以 1s 的间隔向前繁殖。在每个时间步长内添加具有随机位置和速度的新生粒子以模拟新的目标。假设每个步长都出现一个新的目标，因此出现一个新生粒子。然后 PHD 通过结合距离/多普勒观测值、计算的检测概率、泊松分布的虚警率和单目标的似然函数,在每个时间步长内分配(和更新)粒子权重 $W_{i,k+1}$。最后,通过式(6.11)计算视场内预期的目标数量。从这些权重表示的 PHD 中提取 N 个最高峰来找到 N 个预期目标的位置。

这些初步仿真的结果是令人鼓舞的。但据观察,在低信噪比区域下目标数量被高估。随后他们开发了一种改进方法,不需要将粒子限制在高信噪比区域,其代价是更大的计算量[12]。但是,这也将所需粒子的数量从几千个降低到了几百个。

6.4.3 多接收机无源跟踪

第三种方法[14]由法国泰雷兹航空系统公司的 Klein 和 Millet 阐述,并已在 Thales HA-100 Home-land Alerter 无源探测系统上实现。它使用了 FM 广播和 DVB-T 照射源,并且利用了两者的互补优势(这些在第 3 章已进行了详细讨论)。

来自不同双基地发射-接收对的信息能够以多种方式进行融合。它们每一个可以形成一个轨迹,或者可以根据某个标准选择最佳轨迹,然后根据轨迹质量的某种度量来加权而进行综合考虑来完成轨迹融合。或者,也可以根据来自每个发射-接收对的信息来更新单个轨迹。这里之所以采用后一种方法,是因为在实践中发现,由于双基地几何构型和(在 FM 调制情况下)瞬时调制信号质量的变化,导致不能从每一个发射-接收对获得可靠的轨迹。跟踪器架构如图 6.9 所示。

将笛卡儿坐标位置(3D)、目标速度与双基地距离 R 和速度 v 联系起来的方程是高度非线性的:

$$\mathrm{R} = \|\boldsymbol{x} - \boldsymbol{x}_{\mathrm{Tx}}\| + \|\boldsymbol{x} - \boldsymbol{x}_{\mathrm{Rx}}\| - \|\boldsymbol{x}_{\mathrm{Tx}} - \boldsymbol{x}_{\mathrm{Rx}}\| \tag{6.13}$$

$$v = \dot{R} = \frac{\boldsymbol{x} - \boldsymbol{x}_{\mathrm{Tx}}}{\|\boldsymbol{x} - \boldsymbol{x}_{\mathrm{Tx}}\|} + \frac{\boldsymbol{x} - \boldsymbol{x}_{\mathrm{Rx}}}{\|\boldsymbol{x} - \boldsymbol{x}_{\mathrm{Rx}}\|} \cdot \boldsymbol{v} \tag{6.14}$$

式中:x、v 分别为目标在笛卡儿坐标系中的位置和速度;x_{Tx}、x_{Rx} 分别为发射机和接收机的位置。跟踪器本身是一个非线性卡尔曼滤波器。

实验结果根据目标跟踪的时间比例、平均轨迹长度和地面位置精度来表示,三次试验均表明将参数融合后可以提供更好的性能。这也突出了 DVB-T 和 FM 广播照射源的互补性,表明一起使用这两种照射源可以获得良好的性能。

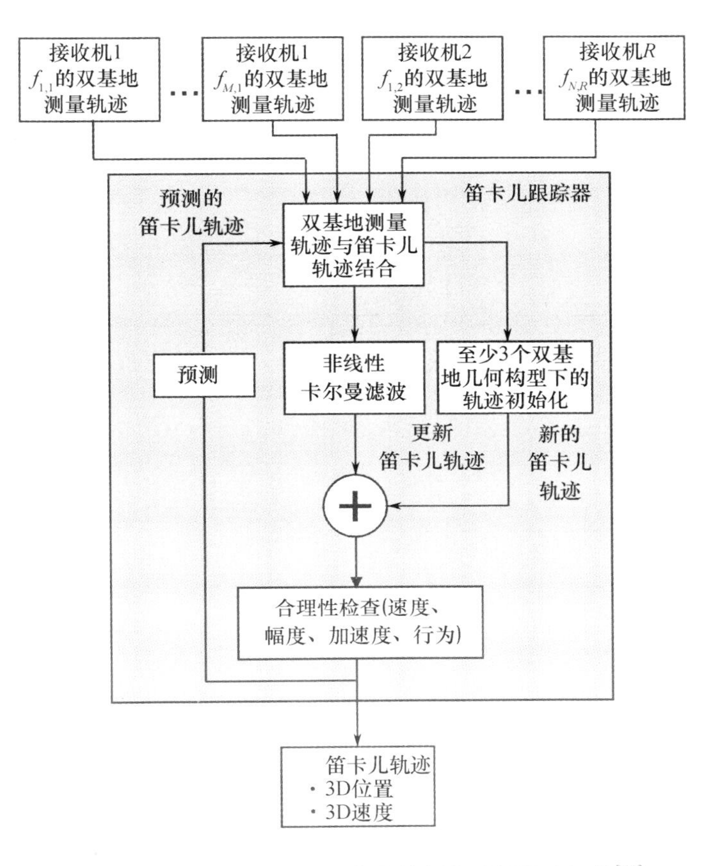

图6.9　Thales HA－100系统中使用的目标跟踪架构[14]

注:跟踪器使用来自每个双基地发射－接收对的信息。

6.5　总　　结

本章回顾了从双基地无源探测系统的原始探测信息中推导出目标轨迹的一些方法。针对给定目标的信息可以由TDOA、AOA和/或来自一个或多个双基地发射—接收对的回波多普勒频移组成。两种广泛使用的显示信息的方式是等距椭圆和距离－多普勒图。来自多个双基地发射－接收对的等距椭圆的相交导致虚假的目标“鬼影”，这需要剔除。

常规的目标检测和跟踪算法可用于双基地无源探测系统，但需要考虑与传统单基地雷达的差异。这些差异包括双基地几何布局、虚假目标“鬼影”的存在、（某些种类的照射源）低的距离分辨率以及信号质量对双基地几何布局和波形调制的依赖性。正如人们看到的那样，由于低的角度分辨率（以及 VHF 情况下的低的距离分辨率），对于无源探测系统下的目标准确跟踪提出了一些新的挑战。但是无源探测系统也具有一些优点，尤其是在更高的刷新率方面。

目前已经提出了三种目标跟踪方法：一是基于卡尔曼滤波；二是基于 PHD 算法，其具有消除虚假目标“鬼影”的附加优点；三是基于几个 FM 广播和 DVB－T 的双基地发射－接收对的信息融合。

参考文献

[1] Richards, M. A., W. A. Holm, and J. A. Scheer, *Principles of Modern Radar: Vol. 1, Basic Principles*, Raleigh, NC: SciTech Publishing, 2010.

[2] Howland, P. E., D. Maksimiuk, and G. Reitsma, "FM Radio Based Bistatic Radar," *IEE Proc. Radar, Sonar and Navigation*, Vol. 152, No. 3, June 2005, pp. 107–115.

[3] Caspers, J. M., "Bistatic and Multistatic Radar," Ch. 36 in *Radar Handbook*, 1st ed., M. I. Skolnik, (ed.), New York: McGraw-Hill, 1970.

[4] Brown, J., et al., "Passive Bistatic Radar Location Experiments from an Airborne Platform," *IEEE AES Magazine*, Vol. 27, No. 11, November 2012, pp. 50–55.

[5] Malanowski, M., and K. Kulpa, "Two Methods for Target Localization in Multistatic Passive Radar," *IEEE Trans. on Aerospace and Electronics Systems*, Vol. 48, No. 1, January 2012, pp. 572–580.

[6] O'Hagan, D., "Passive Bistatic Radar Performance Using FM Radio Illuminators of Opportunity," Ph.D. thesis, University College London, March 2009.

[7] Brookner, E., *Tracking and Kalman Filtering Made Easy*, New York: Wiley, 1988.

[8] Blackman, S., and R. Popoli, *Design and Analysis of Modern Tracking Systems*, Norwood, MA: Artech House, 1999.

[9] Bar-Shalom, Y., X. Rong Li, and T. Kirubarajan, *Estimation with Applications to Tracking and Navigation: Theory, Algorithms and Software*, New York: Wiley, 2001.

[10] Ristic, B., S. Arulampalam, and N. Gordon, *Beyond the Kalman Filter: Particle Filters for Tracking Applications*, Norwood, MA: Artech House, 2004.

[11] Tobias, M., and A. D. Lanterman, "Probability Hypothesis Density-Based Multitarget Tracking with Bistatic Range and Doppler Observations," *IEE Proc. Radar, Sonar and Navigation*, Vol. 152, No. 3, June 2005, pp. 195–205.

[12] Mahler, R. P. S., "Multitarget Bayes Filtering Via First-Order Multitarget Moments," *IEEE Trans. on Aerospace and Electronics Systems*, Vol. 39, No. 4, October 2003, pp. 1152–1178.

[13] Tobias, M., "Probability Hypothesis Densities for Multitarget, Multisensor Tracking with Application to Passive Radar," Ph.D. thesis, Georgia Institute of Technology, 2006.

[14] Klein, M., and N. Millet, "Multireceiver Passive Radar Tracking," *IEEE AES Magazine*, Vol. 27, No. 10, October 2012, pp. 26–36.

第7章　一些系统和结果的举例

7.1 简　　介

本章介绍和讨论真实无源探测系统的例子及相关结果。它们涵盖了各种照射源和应用，包括用来对地球表面进行合成孔径成像的星载照射源，用来探测和跟踪人体目标的室内 WiFi 接入点。本章结构基本上遵循第 3 章所述的照射源列表。

7.2 模 拟 电 视

在 20 世纪 80 年代初期的一些早期无源探测实验中，使用了模拟电视（TV）的发射[1]。由于其发射的高功率和大带宽（约 6MHz）以及多径导致的重影现象，因此模拟电视提供了一种简单而令人信服的演示方法，证明无源探测是可行的。然而，正如第 3 章所讨论的那样，人们很快就明白模拟电视信号与雷达波形相差甚远，这是由 64us 的行重复率和强的行同步脉冲导致的模糊性，以及抑制直达波信号的困难（见第 4 章）。

Howland 在 20 世纪 90 年代中期取得了更好的结果[2]。由于上述原因，他没有尝试直接测量目标的距离信息，而是仅使用电视信号的视频载波部分（图 3.2）并提取回波多普勒频移，使用并排安装的两副八木天线形成的干涉仪测量到达角，这种方法称为窄带 PBR。这种跟踪目标的方法与被动水下声纳有一些相似之处，并有大量相关描述的文献。尽管仅使用部分信号频谱，有效发射功率较低，但结果非常好。该处理采用扩展的卡尔曼滤波，并展示英国东南部大部分地区内对民用飞机的跟踪情况（图 7.1）。

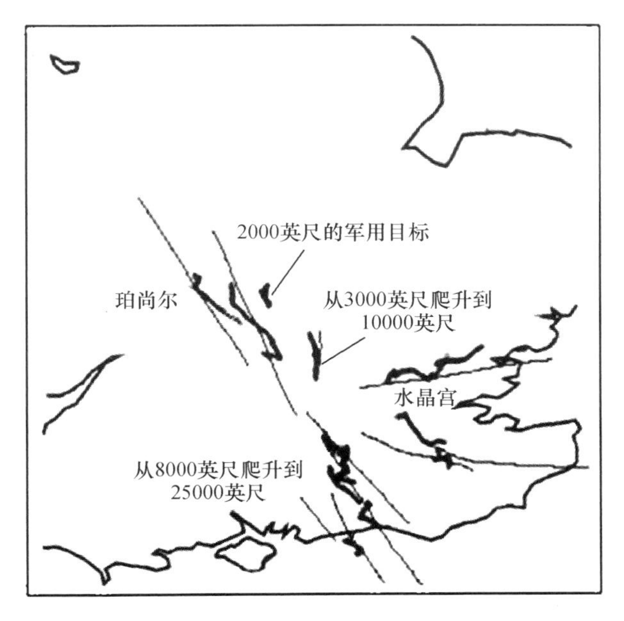

图 7.1　使用伦敦南部水晶宫的模拟电视发射机和珀肖尔的接收机对英国东南部飞机目标的窄带 PBR 跟踪结果。无源探测结果的轨迹(深灰色)与二次雷达结果(浅灰色)[2]的比较结果(1 英尺 =0.3048m)

7.3　FM 广播

甚高频的调频(FM)广播辐射已经成为无源探测系统许多实验的基础,因为在全球几乎所有国家都是高功率发射且容易获得。其波形参数已在第 3 章中讨论过,这里描述典型系统的一些结果。

7.3.1　“寂静哨兵”雷达

在 20 世纪 90 年代,美国的洛克希德·马丁公司开发了一种使用甚高频调频广播作为照射源的实验性无源探测系统[3]。该处理利用距离差分、AOA 和多普勒信息,能够(在其第三版中)展示华盛顿地区多个空中目标的可靠实时检测和跟踪。声称跟踪空中目标的精度为 100 ~200m(水平位置)、1000m(垂直高度)和小于 2m/s(水平速度)。

该系统还展示了佛罗里达州卡纳维拉尔角火箭发射的实时检测和跟踪数据。

“寂静哨兵”雷达是第一次尝试生产基于无源探测的商业产品,但它有些超前,因为无源探测的关键的应用还没有明确,其性能虽然令人印象深刻,但并不如传统雷达好。

7.3.2 Manastash Ridge 雷达

Manastash Ridge 雷达在 20 世纪 90 年代后期由西雅图华盛顿大学的 John Sahr 和 Frank Lind 构思和建造,作为研究北纬地区电离层 E 层的等离子体湍流的低成本手段[4,5]。它使用位于华盛顿西雅图的 96.5MHz 调频广播发射机的信号,将接收机远程放置在距离发射机 150km 处的喀斯喀特山脉的另一侧,因此直达波信号可以忽略不计,从而解决了直达波信号抑制的问题(第 4 章)。它的同步和数据传输通过互联网来实现。

图 7.2 为距离 - 多普勒图的例子,接收回波的平均时间为 10s、1200km 范围内,E 层湍流的多普勒频移区域为 900 ~ 1050km。在 70km 范围内的散射与地杂波有关;最大的地杂波信号对应于雷尼尔山,这是一座突起的火山,其峰值高出周围地区近 3000m。

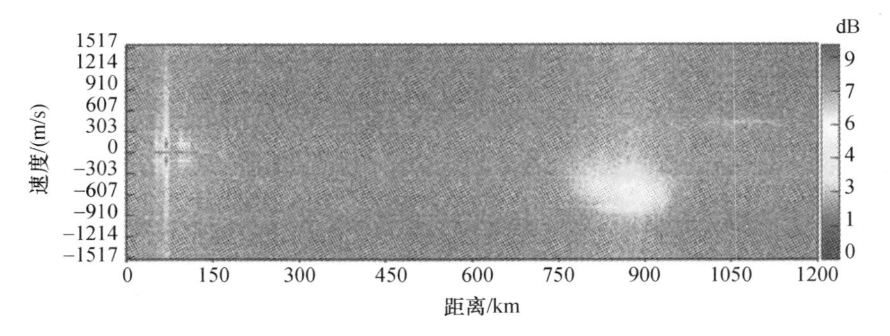

图 7.2 E 层湍流检测的距离 - 多普勒图示例

注:数据来自 2003 年 10 月 31 日 081100UT 处的 10s 散点图。

图 7.3 显示了距离 - 多普勒图的扩展部分,可以在 ±303m/s 和 50 ~ 150km 范围内观察到 8 架独立的飞机。Manastash Ridge 雷达没有

采取任何优化措施来检测飞机目标,但它们的出现是有规律的。这些飞机靠近地面杂波区域,而且没有采取任何措施去清除地杂波。

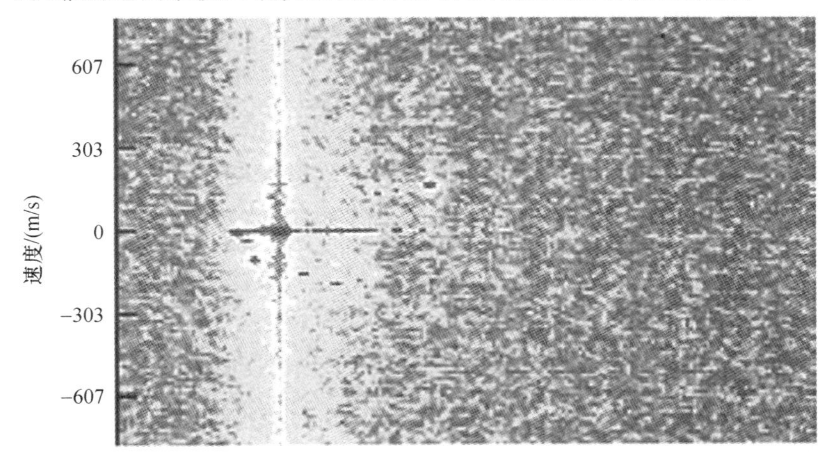

图7.3　在±303m/s和50~150km的距离-多普勒图中可以观察到8架独立飞机的探测特征[5]

Manastash Ridge雷达使用简单的直接数字化接收机。图7.2所示格式的数据在网上全天候提供。总体而言,该系统为电离层遥感提供了非常简单和低成本的方法,以及无源探测的不错用途。随后的工作研究了使用基于软件无线电模块的高性能接收机,关于这个问题将在第8章进一步讨论。

7.3.3　最近使用FM广播发射机的实验

20年来,许多基于甚高频调频广播的无源探测系统已经建成并被报道。许多出版物集中在该技术的难点方面,如直达波信号抑制或目标跟踪算法,这些分别在第4章和第6章中进行了描述。Howland等人[6]建立并演示了一个系统,使用单个调频广播发射机和单个接收机,检测和跟踪北海上超过了150km距离的商用飞机,该系统中使用的卡尔曼滤波跟踪处理算法已在第6章中介绍。

图6.1所示的例子来自南非比勒陀利亚地区开普敦大学和南非政府研究实验室CSIR建立和演示的系统,该系统也使用一个调频广播

发射机和一个接收机,并展示出大致相当的性能。

相关结果已经由华沙工业大学的 Malanowski 等人[7]进行了分析,其中考虑了真实天线辐射方向图、目标 RCS 和积累时间(处理增益)等因素。他们使用 PaRaDe 设备展示民用客机目标的实验结果,与 ADS - B跟踪结果进行验证,实际探测距离超过 600km。另外,他们也强调了足够的接收机动态范围的重要性。

7.3.4 小结

尽管距离分辨率和波形特性时变,但甚高频调频广播信号仍具有数量多、功率大的显著优势,已成为全球众多无源探测实验的基础。尽管如第 1 章所述,有报道称挪威将从 2017 年 1 月开始停止调频广播发射,并将在 2017 年年底前彻底终止,但在可预见的未来调频广播发射仍将存在于其他国家。

7.4 手机基站

即使在发展中国家,手机基站也无处不在,它提供的信号可以很容易地用于无源探测。使用这些信号的第一批实验是在 20 世纪初由 Roke Manor[8]实验室在英国进行,其概念称为 Celldar。然而,尽管在新闻稿中有许多报道,但在经过同行审查的技术文献中没有发表任何内容。

手机基站发射机的辐射方向图通常在 120°扇区内,其垂直面辐射方向图与图 3.16 相同,以避免在高度上浪费功率。特别是在城市中,它是趋向于做成较小的、发射功率较低的单元。因此,对于空中目标的等效全向辐射功率(EIRP)的最大上限值为 +20dBW。第 4 章介绍了这种雷达的计算方程,对目标雷达截面、积累增益和接收天线增益做出适当的假设,可实现超过几千米的空中目标探测,提供了特定的近程探测应用的有效性。

在新加坡使用 GSM 发射信号的实验工作证实了这些预测[9]。Tan 等人提到对大型车辆目标的检测和跟踪距离最高可达 1km,人体目标可达 100m 左右。其距离分辨率是指目标在这样的范围内不能在距离上进行分辨，但它们在多普勒域上允许被分离和识别。

更高的传输功率、更高的接收天线增益和更长的积累时间可以获得更好的结果。德国 Fraunhofer FKIE 研究所的工作采用具有足够增益的多波束多通道阵列天线，系统可以利用来自多个基站的辐射信号，因此接收机能够在高达40km 的距离内跟踪目标[10]。其主要系统参数见表7.1。每个基站在 120°方位扇区上辐射功率为 10W，EIRP 为 100W（+20dBW）。图7.4 中显示了该系统的累计检测概率 P_D 以及四个基站的位置和波束方向。

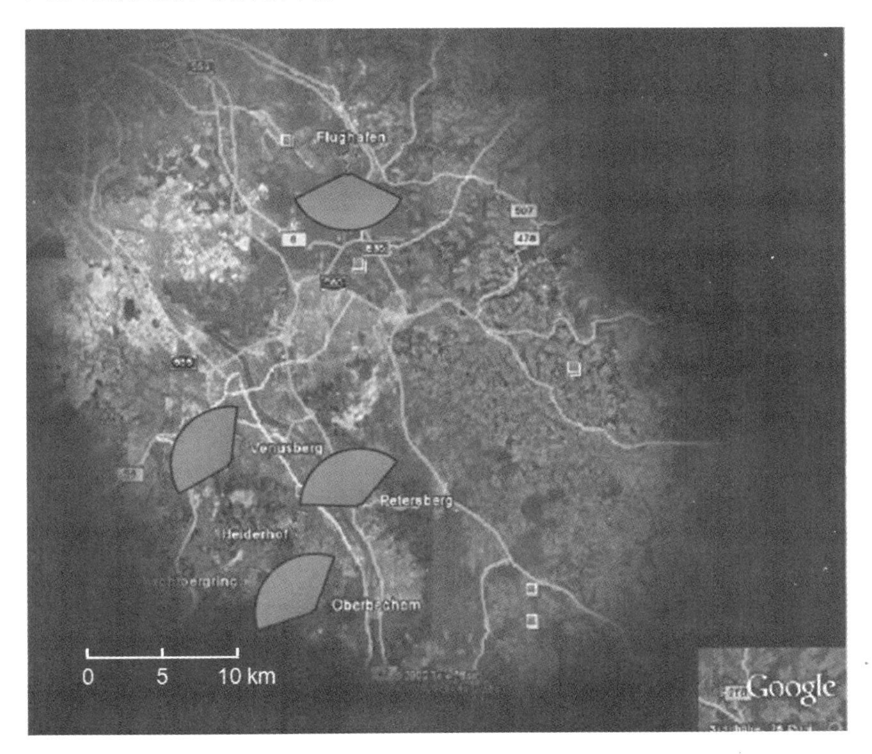

图7.4　使用 GSM 照射源的 FKIE 无源探测系统的覆盖范围[10]

注：图中显示了7个基站中的4个，每个基站都有120°的照射扇区。

虽然这种性能比以前的 GSM 照射源实验更令人印象深刻，但多元阵列和多接收通道的额外成本和复杂性意味着这不再是一个简单的系统。尽管如此,它的确展示了将多个照射源信息结合到一个扩大区域的潜力。

表 7.1 试验参数[10]

参数	数值
发射功率/W	10
发射天线增益(120°扇区)/dB	10
信号带宽/kHz	81.3
接收天线增益/dB	25
相干积累时间/s	0.34
处理增益/dB	41.2

7.5 DVB - T 和 DAB

最近,有向利用数字传输的重大转变趋势。一方面是由可用性驱动,特别是针对未来的发展;另一方面是通过波形可以更直观地显示模糊函数性质(见第 3 章)。此外,工业界以及研究实验室也参与进来。这是技术成熟的一种标志,也是具有真正商业潜力的标志。目前分配给雷达探测的频谱区域的压力很可能导致利用数字波形的无源探测系统的持续发展。但是应该记住,没有必要在两者之间进行选择。模拟信号和数字信号都可以很容易地被利用,并且在一定程度上具有互补性。

Poullin[11]首次发表关于将数字无线电和电视照射用于无源探测目的的出版物。这些波形的特性和基于它们的 OFDM 调制技术已在 3.3 节中描述。

澳大利亚也开展了卓有成效的工作,研究数字照射源作为更大的外辐射源(IOO)的一部分的项目。虽然已有大量的研究出版物显示出对该主题的深入理解,但这项工作主要局限于研究和开发,并没有转向生产。

新一代无源探测的一个例子是由空中客车防务及航天公司(前身为 CASSIDIAN)的工程师开发的系统,如图 7.5 所示[12-13]。它使用甚高频调频广播、DAB 和 DVB - T 照射源的组合,设计者将其描述为"准产阶段多频带移动无源探测系统"。

图 7.6 描述了该系统的结构,显示覆盖 3 个波段的接收机以及融

(a)

(b)

图 7.5　新一代无源探测系统的几个实例

(a)GAMMA(德国 FKIE 提供)、HOMELAND ALERTER(法国 THALES 提供)、AULOS(意大利 Leonardo - Finmeccanica SpA 提供);(b) ALIM(伊朗)、空中客车防务及航天公司无源探测系统、SILENT GUARD(捷克 ERA 提供)。
(从左至右、从上到下顺时针)

合和跟踪处理过程。它们显示了来自 2013 年初采用 8 个 FM、约 5 个 DAB 和 3 个 DVB - T 照射源以及 1 个合作飞行目标循环飞行且改变每次循环高度的结果。目标位置的跟踪精度为 30m。

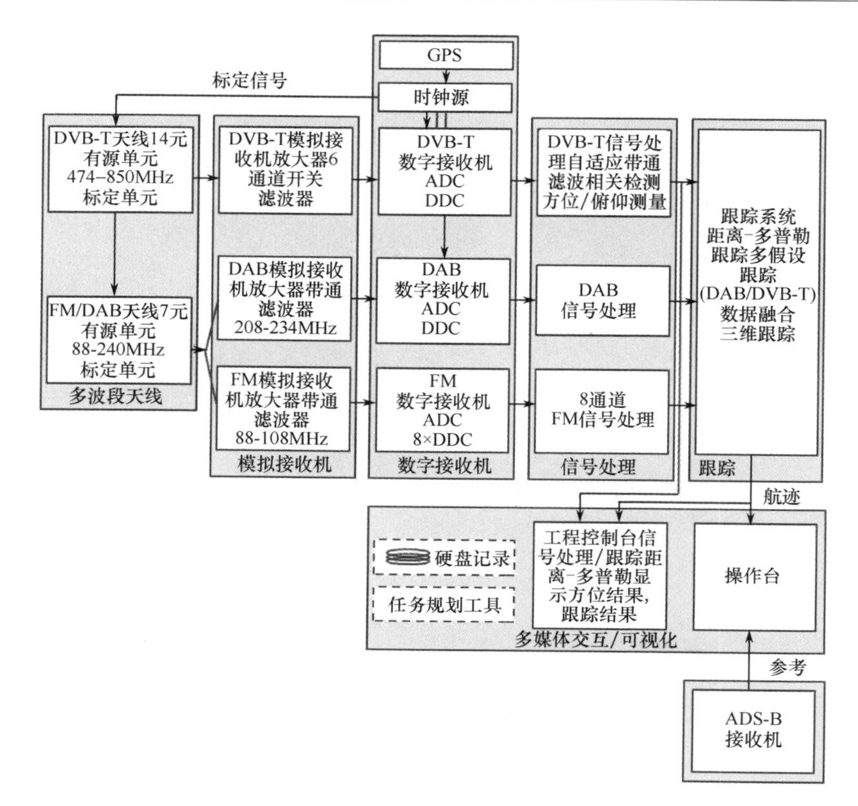

图 7.6 由空中客车防务及航天公司开发的多波段无源探测系统的处理架构[13]

中国、俄罗斯、伊朗和以色列也都在积极开发无源探测系统。这些国家研究人员的有关无源探测的学术出版物会定期出现在期刊和会议记录中[14-19]。有关在役系统的信息可在各种防务分析网站上找到,但这些信息不完全可靠。

据报道,中国已经开发出一种新的无源探测系统 DWL002,似乎在 VHF 波段工作。正如前面的章节所述,如果可以利用高功率发射机,那么双基地探测距离可以超过 500km。① VHF 的使用很可能被作为一

① 原文误为 500cm。——译者注

个反隐身技术,它与双基地较大的观测角度结合可能会比使用在微波频率下工作的常规单基地系统具有更高的系统灵敏度。图7.7为安装在伸缩杆上的接收机示例。

图7.7　中国的DWL002无源探测系统

据报道,伊朗的ALIM系统(图7.5)在2011年首次出现在伊朗军队的阅兵中。据称其最大探测距离为250~300km,并且能够相对容易地发现低速、低空飞行目标[20]。它也运行在频谱的VHF部分,再次表明了反隐身能力。它被认为是伊朗制造,尽管它似乎源于俄罗斯。

事实上,用于军事应用的无源探测系统的发展无疑笼罩在神秘之中。无源探测的一个特点是它与传统的辐射源定位技术密切相关,它们其实不是雷达而只是接收信号。可以想象,这种直接和间接利用信号的方式,强烈地暗示两者可以相互交织在一起使用。以广泛的组网形式,加上作为对付隐身技术的潜力,这也就很容易理解世界各国正在进行的高水平研发目的。

7.6　机载无源探测系统

到目前为止,大多数无源探测系统工作时都使用固定的地面接收机。然而,考虑机载接收机也很有意义,可能允许使用 GMTI、SAR 和 ISAR 等模式,甚至无源双基地机载预警(Airborne Early Warning, AEW)。实际应用中,隐身飞机不希望使用主动雷达发射可能暴露其存在的信号,因此双基地工作(包括无源双基地探测系统)变得非常有吸引力。

1996 年首次提到机载无源探测实验[21]。最近的这种实验是使用 VHF FM 发射源和简单的多通道接收机进行[22,23]。天线贴在飞机窗口的内部(图 7.8),并且收集的数据可以将若干发射机和目标信息绘制成等距椭圆,还包含从测得的多普勒信息和载有接收机的飞机的已知速度信息得到的目标速度矢量。这些信息可以解不同等距椭圆的模糊问题(参见 6.2 节和图 6.4)。

这里一个重要的因素是照射源的垂直面覆盖,特别是对于近距离空中目标。这个影响已经在第 3 章的 3.5 节中进行过讨论。

(a)

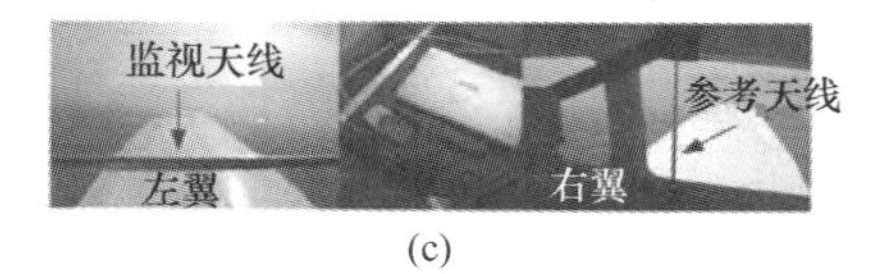

(c)

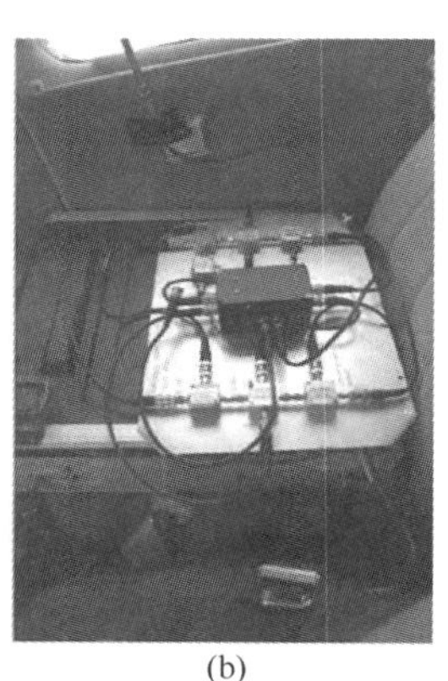

(b)

图 7.8 安装在 Piper PA 28 – 181 飞机内部用于机载无源探测实验的天线和接收机[23]

波兰华沙理工大学的 Kulpa 等人[24]进行了类似的实验,并评估机载无源探测系统对地面的静止目标、运动目标和机载运动目标的效能。他们的第一个实验使用车载无源接收机,它可以观测和量化接收信号的特定特征,如杂波的多普勒扩展。下一个阶段的工作是使用安装在 Skytruck 飞机上的接收机(图 7.9)。他们的接收系统被称为 PaRaDe

（无源探测演示机）。

图7.9　华沙理工大学用于机载无源探测实验的 Skytruck 飞机[24]

注：插图为贴在窗户内侧的天线。

机载无源雷达的第三个例子是层析成像，使用 DVB－T 发射机和飞行螺旋路径的机载接收机（图7.10）给出目标场景的三维（3D）图像[25－27]。该飞机是一个古老的塞斯纳170，接收机系统使用两个埃特斯公司 N200 软件无线电（SDR）单元作为信号通道、参考（直达波信号）通道和 GPS（图7.11）。目标场景是农村地区，包括一些建筑物和粮仓。

在文献［25，27］描述了用于重建三维图像的层析处理过程（图7.12）。

据报道，2015年10月法国东南部的普罗旺斯空军基地首次飞行法国机载无源探测系统，作为空军学校研究中心（CReA）、法国航空航天研究院（ONERA）和 SONDRA 的协作部分。

这些实验只是开始揭开机载无源探测潜力的表面，未来的工作可能会解决 GMTI、STAP 和其他问题。

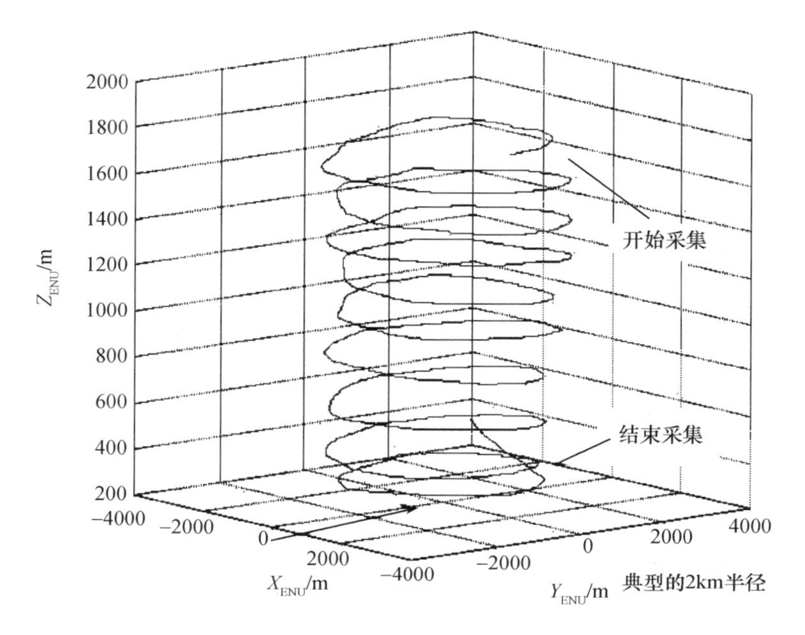

图 7.10 机载无源探测层析成像[26,27]

注：飞行持续时间 2550s。

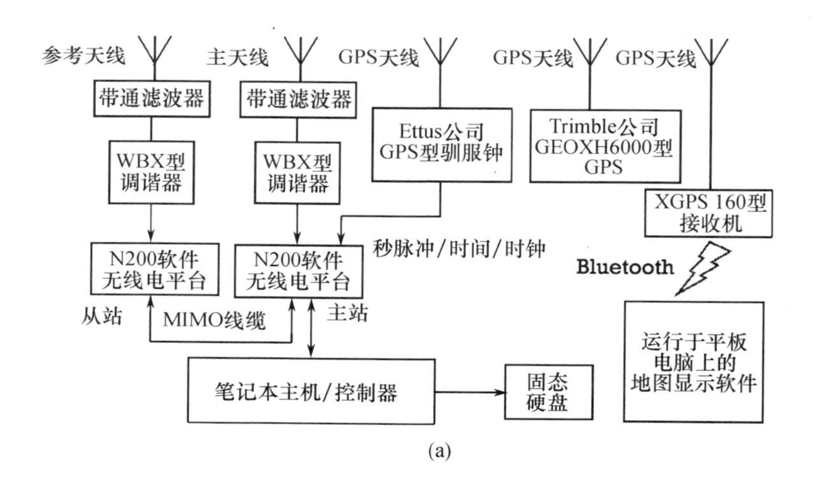

(a)

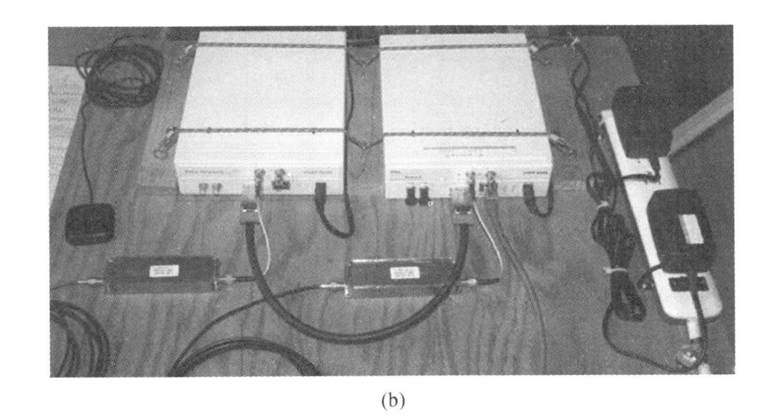

(b)

图7.11　接收机硬件[26,27]

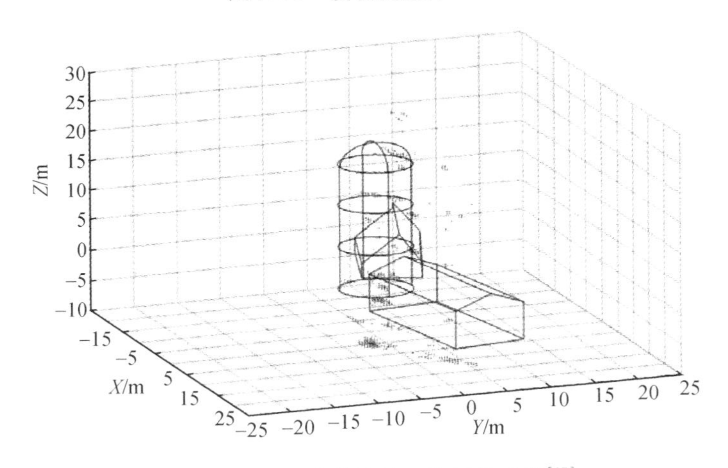

图7.12　地面建筑物的三维层析成像[27]

7.7　高频天波传输

另一类照射源由HF频带(2～30MHz)中的信号提供,通过电离层的反射传播到1000km或更远的距离。这些信号可能采取广播传输的形式,例如英国广播公司国际频道、HF超视距雷达(OTHR)及澳大利亚的JORN系统。这些信号的带宽相对较窄,因此雷达的距离分辨率相当低，而且由于较低的频率，即使较大的天线阵列也具有较宽的波束宽度，因此其远距离处的方位分辨率也很低。

天波的传播取决于电离层中各层的反射特性，它们不断在变化，因为受太阳辐射的影响，大气中的分子白天分解后夜间重组，所以它们的反射特性取决于每天中的时间、每年中的时间和太阳黑子周期的状态。反射射频信号的自由电子其最大反射处的频率取决于自由电子密度[28]。

这种无源探测适用于使用远程发射机和位于目标附近的接收机来检测飞机或导弹目标[29]。Lesturgie 和 Poullin 报道了一些实验结果，这些实验在乌克兰的基辅使用一台非合作型高频广播发射机，以及距离法国西海岸约 3000km 的一个舰载接收机，显示在 200km 距离内的飞机目标检测结果[30]。该系统称为 Nostramarine，其概念图如图 7.13 所示。

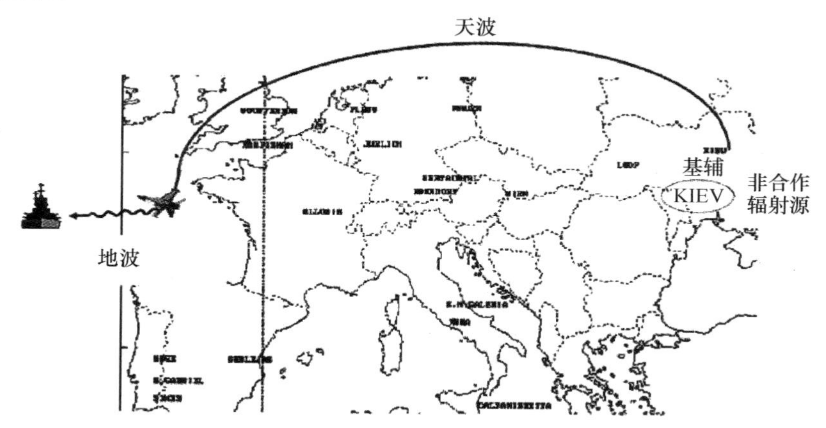

图 7.13 Nostramarine 概念图，使用非合作远程高频广播照射源和舰载接收机[30]

如第 3 章所述，DRM 等数字调制格式（图 3.12）的性能优于模拟调制，因为其模糊函数不随时间变化，并且不依赖于瞬时调制[31-33]。

7.8 室内/WiFi 定位

IEEE 802.11 WiFi 标准和 IEEE 802.16 WiMAX 标准的信号的调

制格式已在第 3 章中描述。802.11 WiFi 标准已被证明适用于室内应用,如入侵者检测和监控等应用。最初的演示之一(图 7.14)使用具有两个接收机的配置:一个接收直达(参考)信号,另一个接收目标回波。其距离分辨率($c/2B \approx 25\text{m}$)不足以分辨探测范围内的目标,但沿着走廊行走的人体目标的多普勒频移回波很容易被探测到[34-36]。

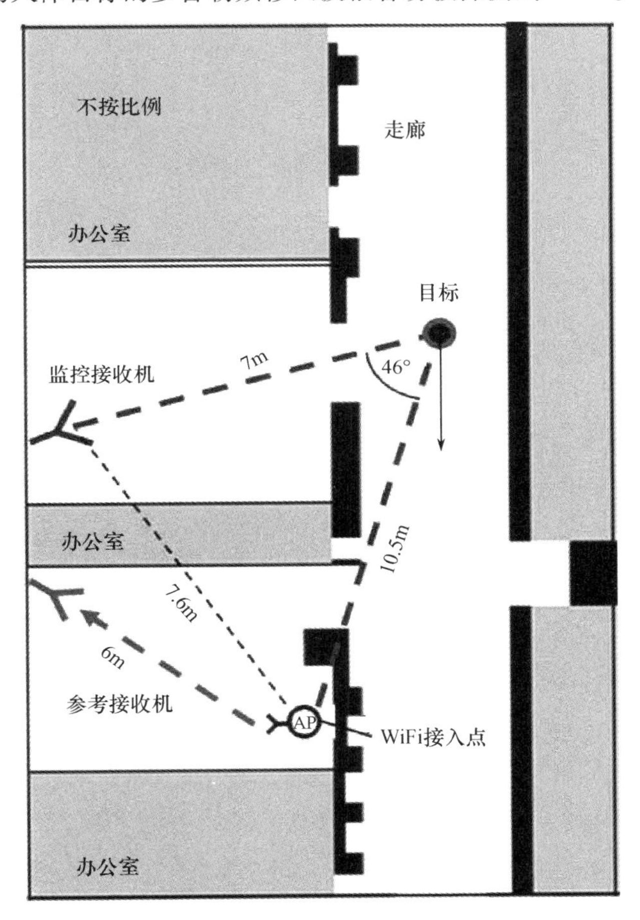

图 7.14　室内密集杂波下 WiFi 探测的实验装置示意图[35]

作为欧盟资助的项目 ATOM(有源和无源传感器阵列对机场内危险目标的探测和跟踪)项目的一部分,基于 WiFi 的无源探测也作为机场安全传感器之一进行了调研[37]。最近,该技术已被证明可在小型私人机场提供低成本、短距离监视的手段[38],显示可在有效的范围内探测与追踪小型飞机和滑翔伞以及人体目标。

基于 WiFi 的无源探测的其他应用是对入侵者或人质进行穿墙探测[36]。与传统的穿墙雷达相比,在房间内使用 WiFi 接入点意味着目标回波仅受到穿过墙壁的单程传播损耗的影响。第 8 章讨论的另一个应用是用于老人看护和救生,因为已经跌倒或遇到麻烦的人的雷达回波可能与正常行走的人不同[39]。在这种应用中使用雷达而不是视频监控在个人隐私方面具有优势。更多的细节将在第 8 章介绍。

如第 3 章所述,802. 16 WiMAX 标准具有更高的发射功率,因此可以提供比 802. 11 WiFi 辐射更广泛的覆盖范围,以及更有利的模糊函数[40-42]。华盛顿特区海军研究实验室的 Webster 等人[42,43]利用来自两个 WiMAX 发射塔的信号进行实验,发射塔分别位于接收站点的西北部和东南部,每个发射塔距离接收站点约 3km(图 7. 15)。表 7. 2 列出了该实验的主要参数和取值。

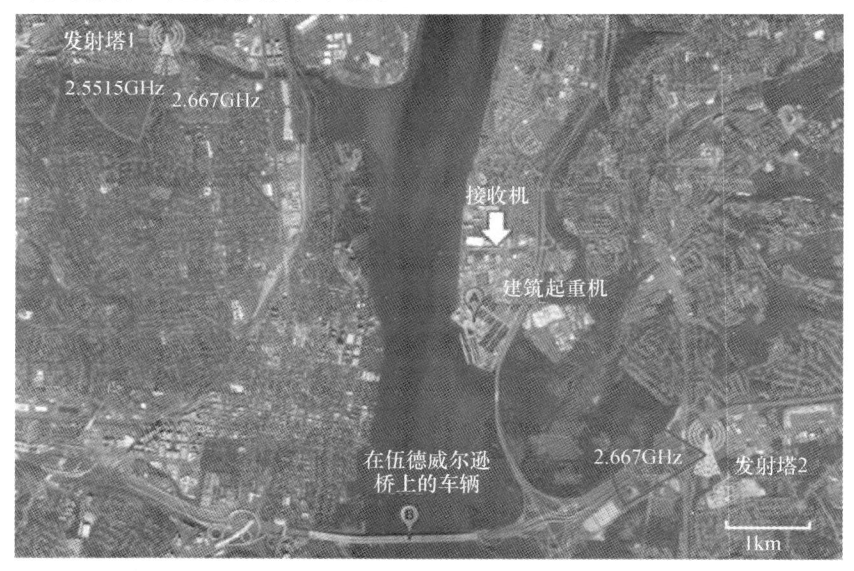

图 7. 15　WiMAX 无源探测实验的布局(包括发射塔、接收机和目标位置)[42]

表 7.2　WiMAX 实验的参数和取值[42]

参数	取值
发射功率 P_T/dBW	10
发射天线增益 G_T/dBi	17.5
接收天线增益 G_R/dBi	24
处理增益 G_P/dB	61.76
波长平方 λ^2/dBsm	-18.98
目标双基雷达截面 σ_B/dBsm	10
噪声功率 σ_N/dBm	-127.98

利用图 7.15 所示的布局，他们能够可靠地发现从波托马克河西侧的华盛顿里根国家机场起飞和着陆的飞机以及南面的伍德罗威尔逊桥上的车辆。

图 7.16 显示了以距离－多普勒图形式呈现的探测结果。文献[43]展示了如何利用多基速度反投影的技术来定位目标，其利用多个

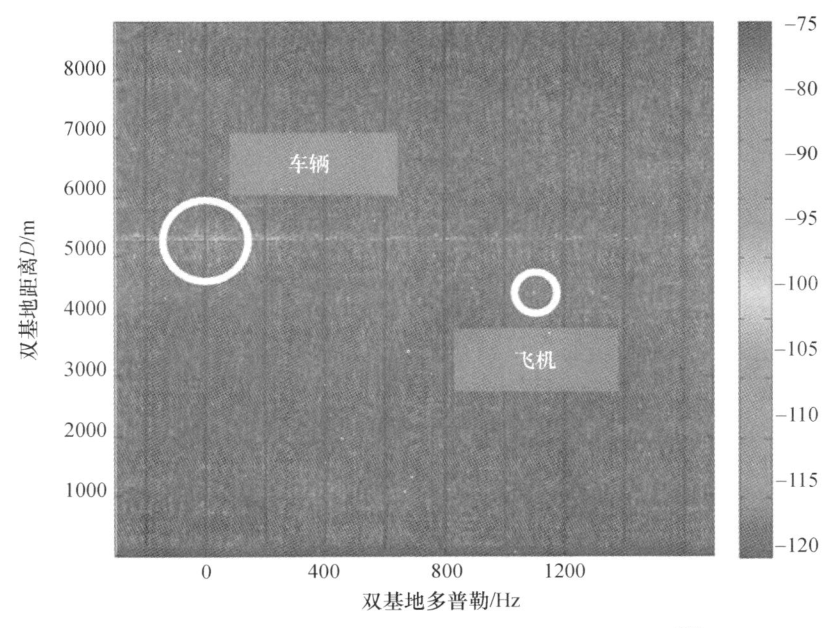

图 7.16　对车辆和飞机目标检测的距离－多普勒图[42]

双基地发射-接收对来探测。他们通过将多基地系统内每个双基地对的时延和多普勒频移数据转换到一个公共参考系以形成一个六维数据立方体（位置和速度）来聚焦探测。

这项工作表明，WiMAX 信号适用于距离高达 10km 的无源探测。这个距离可适用于周界警戒或要地防护。

7.9 星载照射源

7.9.1 使用 GPS 和前向散射的早期实验

最早在 1995 年，Koch 和 Westphal 就报道了使用 GPS 卫星作照射源来探测各种空中目标的结果，并利用前向散射（参见 2.3 节）来增强目标雷达截面积，并使用相对较长的积累时间（约 1s）来获得显著的积累增益（60～70dB）。他们报道探测到大量的空中目标，包括民用和军用飞机、MIR 空间站、反坦克导弹和飞艇[44,45]。尽管这些结果展示了这一方法的希望，但在公开文献中似乎没有展示太多的研究工作。

7.9.2 同步轨道卫星

在使用卫星电视信号的双基地雷达中，这种同步轨道的配置在 20 世纪 90 年代早期就有相关研究和论证[46]。位于地球表面的目标的信号功率密度相对较低（对于 DBS 电视约为 $-107\mathrm{dBW/m^2}$，见表 3.1），因此需要相当大的积累增益才能检测目标，除非它到接收机距离很近。因此该布局最适合静止的目标场景，它允许较长的积累时间。

7.9.3 双基地 SAR

在 20 世纪 70 年代后期的第一批卫星遥感合成孔径雷达之后不久，人们意识到应该有可能将这些信号用来作双基地 SAR。80 年代中期的 COVIN REST 计划使用机载接收机进行双基地成像，其利用航天飞机携带的 SIR-C L 波段接收机进行 SAR 成像，提供 20m 量级的图像分辨率，但该项工作保密了许多年[47]。首次在公开文献中报道的是基于欧洲航天局 ERS-1 卫星的机载接收机实验[48]，对俄克拉荷马的机场进行成像。

随后的许多实验都使用固定的地面接收机[49]。一个简单的计算表明，由于这种系统中的回波多普勒仅取决于发射机和目标之间单向距离（以及相位）的变化（而传统单基SAR中为双向距离），这种双基地SAR中的方位角分辨率等于发射天线的孔径，而不是单基地条带模式SAR中天线孔径的1/2。

英国伯明翰大学的Cherniakov将这类系统称为“SS - BSAR”（空间－表面双基地SAR），并展示了使用多种不同的照射源和布局的结果[50-52]。

图7.17为2016年2月15日使用固定地面接收机和欧洲航天局ENVISAT卫星携带的ASAR的照射源获得的比利时布鲁塞尔地区的双基SAR图像[53,54]。

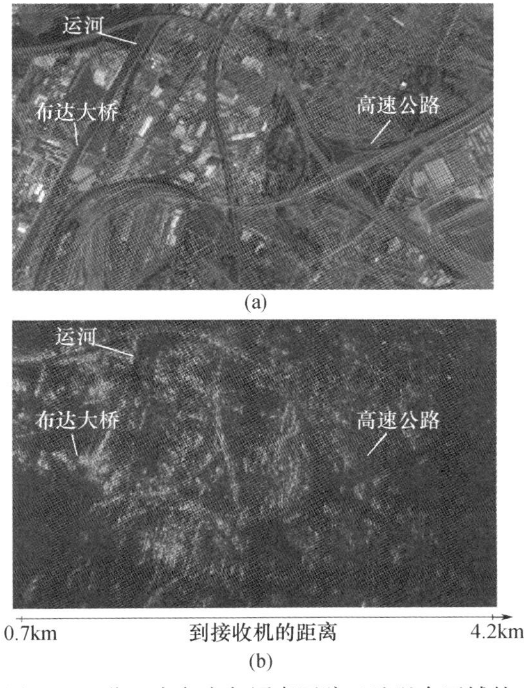

图7.17 位于布鲁塞尔军事医院工地以东区域的双基SAR图像和相应的光学图像[53]

7.9.4 双基地 ISAR

同样可以使用目标运动的合成孔径成像得到一个 ISAR[53]。意大利比萨大学的 Martorella 在 2015 年率先进行了一系列北约试验,以收集海上目标的无源探测数据。实验使用一系列不同的照射源,包括地球同步卫星发射机、地面 DVB - T 发射机和 WiFi 信号[56-59]。ISAR 可以利用运动目标的俯仰或滚转来成像。

Martorella 和 Giusti [60]对无源双基 ISAR 成像技术进行了完整的数学描述,使用来自位于内陆约 30km 山丘上的 DVB - T 照射源(三个相邻通道)和位于意大利利沃诺的海军学院海岸上的接收机。处理过程是在距离 - 多普勒维上进行成像,并使用自动对焦来补偿运动误差。图 7.18(a)显示了目标,包括距离接收机大约 10km 范围内的大型船只,图 7.18(b)显示了船右侧的聚焦图像。

7.9.5 小结

使用星载照射源的双基地无源探测系统具有很大的吸引力,包括利用相对简单的接收机硬件生成高分辨率 SAR 图像的能力。与传统的天基雷达不同,数据在接收机上立即可用(低时延)。然而,在低地球轨道上卫星的一个明显的缺点是对目标的照射是短暂的(只有几秒),并且在轨道重复周期中几天才重复一次。

(a)

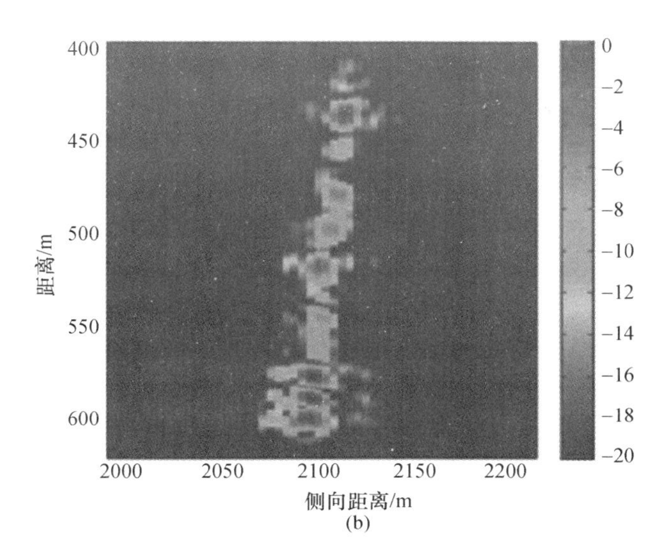

图 7. 18　随机船只目标和船右侧的聚焦图像(由 Marco Martorella 提供)

7. 10　低成本科学遥感

文献[61]中确定的另一个商用无源探测应用是低成本的科学遥感。它利用了无源探测系统的照射源往往是高功率并且覆盖范围广泛的原理。许多照射源相对较窄的信号带宽通常不是问题,因为许多遥感应用不需要很高的空间分辨率,甚至不需要成像。此外,双基地几何布局的适当选择可找到使雷达回波与遥感量之间是单调关系,并且具备较大的动态范围的最佳形式。无源探测遥感最有名的例子是 7. 3 节中已经描述的 Manastash Ridge 雷达,但也还有其他几个很好的例子。

7. 10. 1　使用 GNSS 信号的海洋散射测量

散射计是一种通过回波强度和海面风速的关系来测量海面风速的雷达。本质上,风速越高,风引起的海洋表面粗糙度越大,因此海面表现为镜面反射得越少。

以这种方式使用GNSS信号的想法最初是在1998年由Garrison等人提出,同时还有一些使用机载接收机进行的初步测量实验[62]。并且他们认识到来自海面的散射多径GPS信号对于传统的GPS而言是没有用的,却包含有关海面粗糙度的有用信息,并因此包含风速信息("汝之毒药,吾之蜜糖"原理的另一个例子)。具体而言,散射信号与本地生成的PRN码之间的互相关函数的频谱宽度提供了表面风速的度量。随后的工作[63-65]进行了详细的实验,将结果与其他卫星遥感数据和浮标表面的真实测量值进行比较,并确认该技术作为简单、低成本的海洋遥感方法的可行性。第3章中列出的来自其他GNSS系统的信号在本应用中同样适用。

7.10.2 陆基双基气象雷达

WSR-88D NEXRAD系统是部署在美国各地的地面气象雷达网络,用于为航空业提供天气和风暴信息。Wurman[66-67]描述了仅仅使用基础网络中的双基地接收机的实验,提高了恢复的风矢量场的准确度和分辨率。根据第1章提出的定义,这是一个"搭便车"的例子,因为照射源是现有的单基雷达。

上面提到的接收机称为双基地网络接收机(BNR),其设计尽可能简单、高性能。特别是他们使用全向波导缝隙天线,避免了天线扫描和脉冲追踪的复杂性和高成本。但必须考虑的额外问题包括发射天线的旁瓣提供的虚假回波,以及如何使用GPS实现收发同步。

美国、加拿大、英国、德国和日本共生产和部署了9个BNR,并用于研究、测试和运营。这项工作表明,可以使用附加的无源接收机以相对简单和低成本的方式增强常规单基地雷达的性能。

7.10.3 行星际雷达遥感

双基地雷达方程中的$1/(R_T^2R_R^2)$因子意味着,如果发射机或接收机可以位于接近被观测行星的位置,则行星际雷达遥感的双基地模式具有显著的优势,并且这已被熟知多年。Simpson[68-70]确定了两种不同的运行模式(图7.19):

(1)在上行模式中,照射源由地球上的高功率发射机提供,由航天器携带接收机在轨道上或行星附近飞行，接收和记录从行星表面反射的回波信号；然后回波信号通过航天器遥测数据流返回到地球。

（2）在下行模式中，照射源由电信航天器发射机提供，接收天线置于地球表面，例如具有 70m 天线直径的美国航空航天局深空网络。

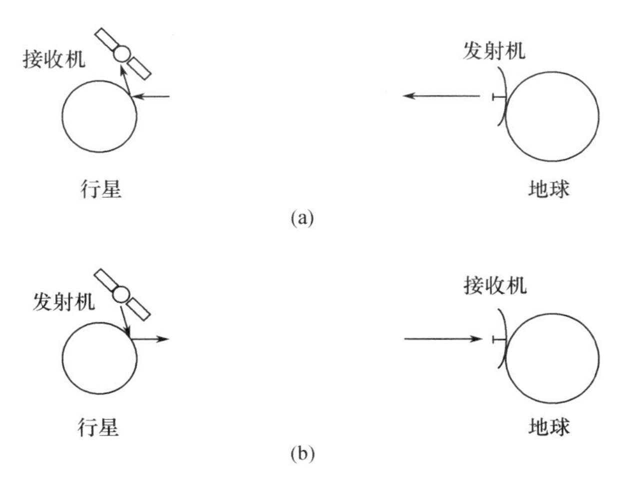

图 7.19　上行模式和下行模式
（a）上行模式；（b）下行模式。

表 7.3 总结了使用苏联、美国和欧洲航天局的航天器和/或地面站对火星、金星、土卫六和冥王星的实验结果。第一个成功的上行实验检测到 10^{-21} W 的微弱回波。更多的技术、历史细节以及结果参见文献[68－70]。

表 7.3　行星际双基地雷达任务和参数[70]

	航天器			
	“火星快车”	“金星快车”	“卡西尼”号轨道器	“新视野”号
目标	火星	金星	土卫六	冥王星
时间	2004	2006	2006	2015.07
模式	下行链路	下行链路	下行链路	上行链路
频带	S,X	S,X	S,X	X

（续）

	航天器			
	“火星快车”	“金星快车”	“卡西尼”号环绕器	“新视野”号
P_t/W	60	5	20	10^5-10^6
G_t/dB	41	26	47	73
R_t/km	10000	7050	10000	4.9×10^9
G_r/dB	74	63	74	41
R_R/km	1.5×10^8	1.5×10^8	1.3×10^9	60000

7.11 总　　结

本章介绍了来自世界各地的各类无源探测的应用、系统、实验和结果。其简单性和低成本意味着这个主题非常适合高校研究。在撰写本书时，雷达大会通常都会包括多个专门讨论无源探测的会议。近年来，一些公司已经建立并展示了具有商业潜力的系统。显而易见，这个问题现在已经成熟化，因此所报道的系统和结果能够解决真正的应用问题而不仅仅是学术研究。

毫无疑问，无源探测的未来是令人兴奋的。第 8 章将从新应用和新技术两方面来考虑未来的前景。

参考文献

[1] Griffiths, H. D., and N. R. W. Long, “Television-Based Bistatic Radar,” *IEE Proc.*, Vol. 133, Pt. F, No. 7, December 1986, pp. 649–657.

[2] Howland, P. E., “Target Tracking Using Television-Based Bistatic Radar,” *IEE Proc. Radar Sonar and Navigation*, Vol. 146, No. 3, June 1999, pp. 166–174.

[3] Nordwall, B. D., “Silent Sentry: A New Type of Radar,” *Aviation Week and Space Technology*, Vol. 30, 1998, pp. 70–71.

[4] Sahr, J. D., and F. D. Lind, “The Manastash Ridge Radar: A Passive Bistatic Radar for Upper Atmospheric Radio Science,” *Radio Science*, Vol. 32, No. 6, 1997, pp. 2345–2358.

[5] Sahr, J. D., "Passive Radar Observation of Ionospheric Turbulence," Ch. 7 in *Advances in Bistatic Radar*, N. J. Willis and H. D. Griffiths, (eds.), Raleigh, NC: SciTech Publishing, 2007.

[6] Howland, P. E., D. Maksimiuk, and G. Reitsma, "FM Radio Based Bistatic Radar," *IEE Proc. Radar, Sonar and Navigation*, Vol. 152, No. 3, June 2005, pp. 107–115.

[7] Malanowski, M., et al., "Analysis of Detection Range of FM-Based Passive Radar," *IET Radar, Sonar and Navigation*, Vol. 8, No. 2, February 2014, pp. 153–159.

[8] http://mail.blockyourid.com/~gbpprorg/mil/radar/celldar.pdf, accessed August 10, 2016.

[9] Tan, D. K. P., et al., "Passive Radar Using Global System for Mobile Communication Signal: Theory, Implementation, and Measurements," *IEE Proc. Radar, Sonar and Navigation*, Vol. 152, No. 3, June 2005, pp. 116–123.

[10] Nickel, U. R. O., "Extending Range Coverage with GSM Passive Localization by Sensor Fusion," *Proc. International Radar Symposium*, Vilnius, June 14–18, 2010.

[11] Poullin, D., "Passive Detection Using Digital Broadcasters (DAB, DVB) with COFDM Modulation," *IEE Proc. Radar, Sonar and Navigation*, Vol. 152, No. 3, June 2005, pp. 143–152.

[12] Edrich, M., and A. Schroeder, "Multiband Multistatic Passive Radar System for Airspace Surveillance: A Step Towards Mature PCL Implementations," *Proc. Int. Radar Conference RADAR 2013*, Adelaide, Australia, September 10–12, 2013, pp. 218–223.

[13] Edrich, M., A. Schroeder, and F. Meyer, "Design and Performance Evaluation of a Mature FM/DAB/DVB-T Multi-Illuminator Passive Radar System," *IET Radar, Sonar and Navigation*, Vol. 8, No. 2, February 2014, pp. 114–122.

[14] Sebt, M. A., et al., "OFDM Radar Signal Design with Optimized Ambiguity Function," *IEEE Radar Conference 2008*, Rome, Italy, May 26–29, 2008.

[15] Zaimbashi, A., M. Derakhtian, and A. Sheikhi, "GLRT-Based CFAR Detection in Passive Bistatic Radar," *IEEE Trans. on Aerospace and Electronic Systems*, Vol. 49, No. 1, January 2013, pp. 134–159.

[16] Zaimbashi, A., M. Derakhtian, and A. Sheikhi, "Invariant Target Detection in Multiband FM-Based Passive Bistatic Radar," *IEEE Trans. on Aerospace and Electronic Systems*, Vol. 50, No. 1, January 2014, pp. 720–736.

[17] You, J., et al., "Experimental Study of Polarisation Technique on Multi-FM-Based Passive Radar," *IET Radar, Sonar and Navigation*, Vol. 9, No. 7, July 2015, pp. 763–771.

[18] Yi, J., et al., "Deghosting for Target Tracking in Single Frequency Network Based Passive Radar," *IEEE Trans. on Aerospace and Electronic Systems*, Vol. 51, No. 4, October 2015, pp. 2655–2668.

[19] Yi, J., et al., "Noncooperative Registration for Multistatic Passive Radars," *IEEE Trans. on Aerospace and Electronic Systems*, Vol. 52, No. 2, April 2016, pp. 563–575.

[20] https://en.wikipedia.org/wiki/Alim_radar_system, accessed April 20, 2016.

[21] Ogrodnik, R. F., "Bistatic Laptop Radar: An Affordable, Silent Radar Alternative," *IEEE Radar Conference*, Ann Arbor, MI, May 13–16, 1996, pp. 369–373.

[22] Brown, J., et al., "Air Target Detection Using Airborne Passive Bistatic Radar," *Electronics Letters*, Vol. 46, No. 20, September 30, 2010, pp. 1396–1397.

[23] Brown, J., et al., "Passive Bistatic Radar Location Experiments from an Airborne Platform," *IEEE AES Magazine*, Vol. 27, No. 11, November 2012, pp. 50–55.

[24] Kulpa, K., et al., "The Concept of Airborne Passive Radar," *Microwaves, Radar and Remote Sensing Symposium*, Kiev, Ukraine, August 25–27, 2011, pp. 267–270.

[25] Sego, D., H. D. Griffiths, and M. C. Wicks, "Waveform and Aperture Design for Low Frequency RF Tomography," *IET Radar, Sonar and Navigation*, Vol. 5, No. 6, July 2011, pp. 686–696.

[26] Sego, D., and H. D. Griffiths, "Tomography Using Digital Broadcast TV: Flight Test and Interim Results," *IEEE Radar Conference 2016*, Philadelphia, PA, May 2–6, 2016, pp. 557–562.

[27] Sego, D., "Three-Dimensional Bistatic Tomography Using HDTV," Ph.D. thesis, University College London, September 2016.

[28] Headrick, J. M., and J. F. Thomason, "Applications of High-Frequency Radar," *Radio Science*, Vol. 33, No. 4, July–August 1998, pp. 1045–1054.

[29] Lyon, E., "Missile Attack Warning," Ch. 4 in *Advances in Bistatic Radar*, N. J. Willis and H. D. Griffiths, (eds.), Raleigh, NC: SciTech Publishing, 2007.

[30] Lesturgie, M., and D. Poullin, "Frequency Allocation in Radar: Solutions and Compromise for Low Frequency Band," *SEE Int. Radar Conference RADAR 99*, Paris, France, May 18–20, 1999.

[31] Thomas, J. M., H. D. Griffiths, and C. J. Baker, "Ambiguity Function Analysis of Digital Radio Mondiale Signals for HF Passive Bistatic Radar," *Electronics Letters*, Vol. 42, No. 25, December 7, 2006, pp. 1482–1483.

[32] Thomas, J. M., C. J. Baker, and H. D. Griffiths, "DRM Signals for HF Passive Bistatic Radar," *IET Int. Radar Conference RADAR 2007*, Edinburgh, October 15–18, 2007.

[33] Thomas, J. M., C. J. Baker, and H. D. Griffiths, "HF Passive Bistatic Radar Potential and Applications for Remote Sensing," *New Trends for Environmental Monitoring Using Passive Systems*, Hyères, France, October 14–17, 2008.

[34] Guo, H., et al., "Passive Radar Detection Using Wireless Networks," *IET Int. Radar Conference RADAR 2007*, Edinburgh, September 15–18, 2007.

[35] Chetty, K., et al., "Target Detection in High Clutter Using Passive Bistatic WiFi Radar," *IEEE Radar Conference*, Pasadena, CA, May 4–8, 2009.

[36] Colone, F., et al., "Ambiguity Function Analysis of Wireless LAN Transmissions for Passive Radar," *IEEE Trans. on Aerospace and Electronic Systems*, Vol. 47, No. 1, January 2011, pp. 240–264.

[37] Falcone, P., et al., "Active and Passive Radar Sensors for Airport Security," *2012 Tyrrhenian Workshop on Advances in Radar and Remote Sensing (TyWRRS)*, September 12–14, 2012.

[38] Martelli, T., et al., "Short-Range Passive Radar for Small Private Airports Surveillance," *EuRAD Conference 2016*, London, October 6–7, 2016.

[39] Ahmed, F., R. Narayanan, and D. Schreurs, "Application of Radar to Remote Patient Monitoring and Eldercare," *IET Radar, Sonar and Navigation*, Vol. 9, No. 2, February 2015, p. 115.

[40] Wang, Q., Y. Lu, and C. Hou, "Evaluation of WiMAX Transmission for Passive Radar Applications," *Microwave and Optical Technology Letters*, Vol. 52, No. 7, 2010, pp. 1507–1509.

[41] Chetty, K., et al., "Passive Bistatic WiMAX Radar for Marine Surveillance," *IEEE Int. Radar Conference RADAR 2010*, Arlington, VA, May 10–14, 2010.

[42] Higgins, T., T. Webster, and E. L. Mokole, "Passive Multistatic Radar Experiment Using WiMAX Signals of Opportunity. Part 1: Signal Processing," *IET Radar, Sonar and Navigation*, Vol. 10, No. 2, February 2016, pp. 238–247.

[43] Webster, T., T. Higgins, and E. L. Mokole, "Passive Multistatic Radar Experiment Using WiMAX Signals of Opportunity. Part 2: Multistatic Velocity Backprojection," *IET Radar, Sonar and Navigation*, Vol. 10, No. 2, February 2016, pp. 238–255.

[44] Koch, V., and R. Westphal, "A New Approach to a Multistatic Passive Radar Sensor for Air Defense," *IEEE Int. Radar Conference RADAR 95*, Arlington, VA, May 8–11, 1995, pp. 22–28.

[45] Koch, V., and R. Westphal, "New Approach to a Multistatic Passive Radar Sensor for Air/Space Defense," *IEEE AES Magazine*, Vol. 10, No. 11, November 1995, pp. 24–32.

[46] Griffiths, H. D., et al., "Bistatic Radar Using Satellite-Borne Illuminators of Opportunity," *Proc. RADAR-92 Conference*, Brighton, IEE Conf. Publ. No. 365, October 12–13, 1992, pp. 276–279.

[47] Rigling, B. D., "Spotlight Synthetic Aperture Radar," Ch. 10 in *Advances in Bistatic Radar*, N. J. Willis and H. D. Griffiths, (eds.), Raleigh, NC: SciTech Publishing, 2007.

[48] Martinsek, D., and R. Goldstein, "Bistatic Radar Experiment," *Proc. EUSAR '98, European Conference on Synthetic Aperture Radar*, Berlin, Germany, 1998, pp. 31–34.

[49] Whitewood, A., C. J. Baker, and H. D. Griffiths, "Bistatic Radar Using a Spaceborne Illuminator," *IET Int. Radar Conference RADAR 2007*, Edinburgh, October 15–18, 2007.

[50] He, X., M. Cherniakov, and T. Zeng, "Signal Detectability in SS-BSAR with GNSS Non-Cooperative Transmitters," *IEE Proc. Radar, Sonar and Navigation*, Vol. 152, No. 3, June 2005, pp. 124–132.

[51] Cherniakov, M., et al., "Space-Surface Bistatic Synthetic Aperture Radar with Global Navigation Satellite System Transmitter of Opportunity: Experimental Results," *IET Radar, Sonar and Navigation*, Vol. 1, No. 6, December 2007, pp. 447–458.

[52] Antoniou, M., R. Zuo, and M. Cherniakov, "Passive Space-Surface Bistatic SAR Imaging," *7th EMRS DTC Technical Conference*, Edinburgh, July 13–14, 2010.

[53] Kubica, V., "Opportunistic Radar Imaging Using a Multichannel Receiver," Ph.D. thesis, University College London, March 2016.

[54] Kubica, V., X. Neyt, and H. D. Griffiths, "Along-Track Resolution Enhancement and Sidelobe Reduction for Bistatic SAR Imaging in Burst-Mode Op-

eration," *IEEE Trans. on Aerospace and Electronic Systems*, Vol. 52, No. 4, August 2016, pp. 1568–1575.

[55] Chen, V. C., and M. Martorella, *Inverse Synthetic Aperture Radar Imaging: Principles, Algorithms and Applications*, Edison, NJ: IET, 2014.

[56] Colone, F., et al., "WiFi-Based Passive ISAR for High-Resolution Cross-Range Profiling of Moving Targets," *IEEE Trans. on Geoscience and Remote Sensing*, Vol. 52, No. 6, June 2014, pp. 3486–3501.

[57] Olivadese, D., et al., "Passive ISAR Imaging of Ships Using DBV-T Signals," *IET Int. Radar Conference 2012*, Glasgow, U.K., October 2012, pp. 64–68.

[58] Turin, F., and D. Pastina, "Multistatic Passive ISAR Based on Geostationary Satellites for Coastal Surveillance," *2013 IEEE Radar Conference*, Ottawa, Canada, May 2013.

[59] Pastina, D., M. Sedehi, and D. Cristallini, "Passive Bistatic ISAR Based on Geostationary Satellites for Coastal Surveillance," *IEEE Int. Radar Conference 2010*, Arlington, VA, May 2010, pp. 865–870.

[60] Martorella, M., and E. Giusti, "Theoretical Foundation of Passive ISAR Imaging," *IEEE Trans. on Aerospace and Electronic Systems*, Vol. 50, No. 3, July 2014, pp. 1701–1714.

[61] Willis, N. J., and H. D. Griffiths, (eds.), *Advances in Bistatic Radar*, Raleigh, NC: SciTech Publishing, 2007.

[62] Garrison, J. L., S. J. Katzberg, and M. I. Hill, "Effect of Sea Roughness on Bistatically Scattered Range Coded Signals from the Global Positioning System," *Geophys. Res. Lett.*, Vol. 25, No. 13, July 1, 1998, pp. 2257–2260.

[63] Garrison, J. L., et al., "Wind Speed Measurement Using Forward Scattered GPS Signals," *IEEE Trans. on Geoscience and Remote Sensing*, Vol. 40, No. 1, January 2002, pp. 50–65.

[64] You, H., et al., "Stochastic Voltage Model and Experimental Measurement of Ocean-Scattered GPS Signal Statistics," *IEEE Trans. on Geoscience and Remote Sensing*, Vol. 42, No. 10, October 2004, pp. 2160–2169.

[65] Garrison, J. L., et al., "Estimation of Sea Surface Roughness Effects in Microwave Radiometric Measurements of Salinity Using Reflected Global Navigation Satellite System Signals," *IEEE Geoscience and Remote Sensing Letters*, Vol. 8, No. 6, November 2011, pp. 1170–1174.

[66] Wurman, J., "Vector Winds from a Single-Transmitter Bistatic Dual-Doppler Radar Network," *Bulletin of the American Meteorological Society*, Vol. 75, No. 6,

June 1994.

[67] Wurman, J., "Wind Measurements," Ch. 8 in *Advances in Bistatic Radar*, N. J. Willis and H. D. Griffiths, (eds.), Raleigh, NC: SciTech Publishing, 2007.

[68] Tyler, G. L., and R. A. Simpson, "Bistatic Radar Measurements of Topographic Variations in Lunar Surface Slopes with Explorer 35," *Radio Science*, Vol. 5, 1970, pp. 263–271.

[69] Simpson, R. A., "Spacecraft Studies of Planetary Surfaces Using Bistatic Radar," *IEEE Trans. on Geoscience and Remote Sensing*, Vol. 31, No. 2, March 1993, pp. 465–482.

[70] Simpson, R. A., "Planetary Exploration," Ch. 5 in *Advances in Bistatic Radar*, N. J. Willis and H. D. Griffiths, (eds.), Raleigh, NC: SciTech Publishing, 2007.

第8章　未来的发展和应用

8.1　简　介

第7章描述了无源探测的多种应用、系统和实际使用情况。本章着重关注一些近期的、探讨性的应用和主题，以及可能会在接下来的几十年中关于这个主题的工作方向。

8.2　频谱问题与共生雷达

8.2.1　频谱问题

电磁频谱的所有用户面临的主要问题是对绝对有限的频谱资源的需求不断增加。射频(RF)频谱具有广泛的用途，包括通信、无线电和电视广播、无线电导航和遥感。在通信和广播中，需要更大的带宽来满足消费者对高速数据率的需求，特别是在移动设备上的需求(如将视频数据流传输到智能手机或平板电脑上[1-3])。

随着民用、安全和军事领域出现新的应用，对雷达探测能力的额外需求将继续增长。在民用领域，预计到2030年空中交通数量将翻一番。此外，伴随着新型无人驾驶的出现，这个预测数字将再翻一番。这将进一步强调合作和非合作探测，以维持目前的安全标准。当然，更高带宽的雷达具有更精确的距离分辨率，这也是直接反映探测能力的(如检测和识别入境的敌对目标)。随着这些对更多频谱需求的持续增长，有限的资源将面临更大的竞争。

在技术层面有两种解决方法：一种是生成频谱更干净的波形(适用于所有类型的辐射)，以便信号间隔更紧密而不会造成相互干扰，对数字波形生成和功率放大阶段引入的误差的自适应补偿正在变得可行[4];另一种是使用认知无线电技术,根据现行的频谱占用情况动态地调整信号在频率、方向、编码和极化方面的配置[1]。最近开发并成功部署了利用窄带波形概念的空中警戒雷达[5],这种雷达使用凝视发射填充整个视野范围,再配合基于阵列的接收天线实现较长时间的积累,因此可以通过窄带波形和高多普勒分辨率实现大带宽所具有的高距离分辨率效果。

8.2.2 共生雷达

随着频谱问题变得更加严峻,无源探测技术也将发挥越来越重要的作用。第1章提到了共生雷达的概念。广播或通信波形的调制格式被设计为不仅满足其主要目的,而且在某种意义上能被优化为雷达信号。这里存在很多的可能性:一种极端情况下,波形及其覆盖范围可以完全进行合作,甚至可以动态变化以优化其作为照射源的性能;另一种极端情况下,波形及其覆盖范围可能设计为完全无法被利用的。前一种情况称为共生雷达。

虽然文献[6-8]提出了将通信或遥感信息嵌入雷达信号的想法,但是这个问题的最佳解决办法是从现代数字通信或第3章中所述类型的广播信号格式的角度来分析并考虑它们如何被改变,无论是信号本身还是雷达接收机处理它们的方式,以提供有利的模糊函数、大探测范围和高多普勒分辨率以及低旁瓣。第3章表明,调制类型(尤其是正交频分复用(OFDM))本质上是类噪声的,但各种导频、前导和前缀信号导致在模糊函数中出现不需要的旁瓣特征,因此需要研究抑制这些的手段。

正如文献[9]所指出的,这种双重使用的理念不仅涉及波形,还要延伸到方位角和俯仰角的覆盖范围。因此,目前海岸线上的无线电或电视发射机的覆盖范围是被优化的,以免向海面之上或地平线之上辐射太多的功率。如果它们用作海事和/或空中警戒无源探测系统的照射源,则应优化这些方向的辐射。随着频谱问题变得更加尖锐,有必要合作解决这些问题。

8.3　无源探测在空管中的应用

近来,一些主要的航空航天国家对无源探测用于空中交通管理的远程监视产生了很大兴趣。THALES、NATS、Roke Manor、Airbus Defence and Space(前身为 Cassidian)以及 Leonardo(前身为 SELEX - SI)都有系统在开发,但在撰写本书时还没有任何一个已经被部署。

这些系统可以归为一个通用名称——多基警戒雷达(MSPSR)[10]。它们主要使用 VHF 和 UHF 的外辐射源,由于照射本质上是连续的,因此具有在恶劣天气下保证探测距离和覆盖范围以及定位更新的潜在优势。远距离的俯仰覆盖仍然是一个问题,但可以使用更密集的接收机网络来解决。接收机的布置可以根据所需的探测距离进行调整,因此可以有助于改善低海拔地区的覆盖范围。使用无源探测的主要吸引力之一是避免使用不利于降低整体系统成本的发射机。图 8.1 为 MSPSR 的概念图。

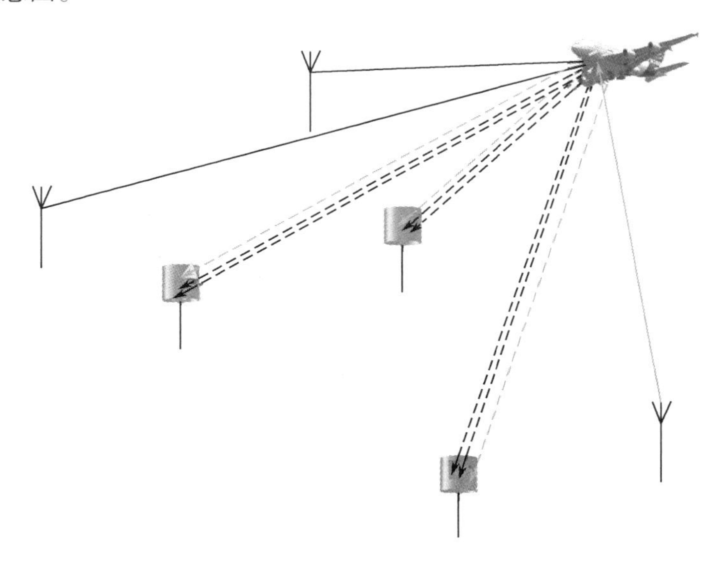

图 8.1　多基地警戒雷达 MSPSR 概念图

图 8.1 显示了接收机如何处理每个发射机的信号、提取目标数据,

并通过多种技术组合来评估目标位置,该位置可能是通过接收—发射对的椭圆交点来确定。以这种方式提取的点迹包含位置和速度的三维信息,该信息是通过利用多角度多普勒来得到的。该系统可以监视广阔的区域,因为它使用多个相互连接的单元覆盖要控制的区域(如道路/塔放或航路)。

将无源探测和有源探测进行融合,是最近研究文献中讨论的一种方法。但是,专门开发的相关设备的演示很少。总的来说,无源探测作为一种可行的空中交通管理技术正在迅速成熟并开始引起人们相当大的兴趣,其中包括目前对空中交管基础设施缺乏的国家,其较低的成本尤其具有吸引力。

8.4 无源探测的对抗措施

无源探测的隐蔽性也是经常被提起的优点之一。如果都不知道对手是否使用无源探测技术,显然部署对抗措施将很困难。

8.4.1 对抗措施

从历史上看,英国在第二次世界大战期间面对了这个问题,德国的“克莱因海德堡”(KH)双基地搭便车系统使用英国的“本土链”(CH)雷达作为其照射源。在第1章中也简要介绍了这一点。自1943年中以来KH雷达一直在使用,尽管英国人直到1944年10月才知道它。然而,在1944年底和1945年初[11]在伦敦白厅空军部举行的三次会议记录中表明,英国科学家已经考虑过不少于8种对抗这种双基地搭便车的措施。这些在文献[12]中列出和讨论,在一般情况下可以概括为:

(1)调整照射源的覆盖范围,以便从雷达的角度使得雷达最感兴趣区域的覆盖率变差或减少。这里的极限情况是要在某些时候甚至需要一直关闭照射源。

(2)如果可以的话,修改照射源波形以给出较差的模糊函数性能,或使其难以同步或抑制直达波信号。在这方面时变波形可能有用,甚至可以在相同频率上的两个或更多个发射机之间切换。

（3）使用噪声干扰来降低接收机灵敏度，特别是使接收机无法接收到参考信号，但除非知道接收机的位置，否则干扰必须分布在广泛的角度范围内，这将会削弱其有效性。

（4）生成不同距离和不同多普勒频移的多个虚假目标，以混淆和/或饱和其检测和跟踪处理。在第二次世界大战中，英国人基于电声技术开发了名为“MOONSHINE”的中继干扰机[13]。

Schüpbach 和 Böniger[14]研究了基于 DAB 无源探测系统的干扰技术。他们的策略是只干扰信号的循环前缀部分，以便在接收机的每个 DAB 帧的开始处破坏参考信号。这被证明有效，并且他们非常有效地利用了干扰功率。

以上这些想法提供了针对无源探测对抗的一些启示，尽管它们的实施细节和性能似乎都是保密的。

8.4.2　双基地拒止

双基地拒止是用来防止敌对双基地接收机搭乘常规雷达的技术[15]。它除发射常规雷达信号之外，还发射掩蔽信号来防止敌方双基地接收机从雷达获取参考信号（图8.2(a)）。掩蔽信号的方向图在雷达主波束上形成零点（图8.2(b)），并被编码为与雷达信号正交，以使雷达探测器不响应到伪装信号，并且也应与多普勒函数保持正交。

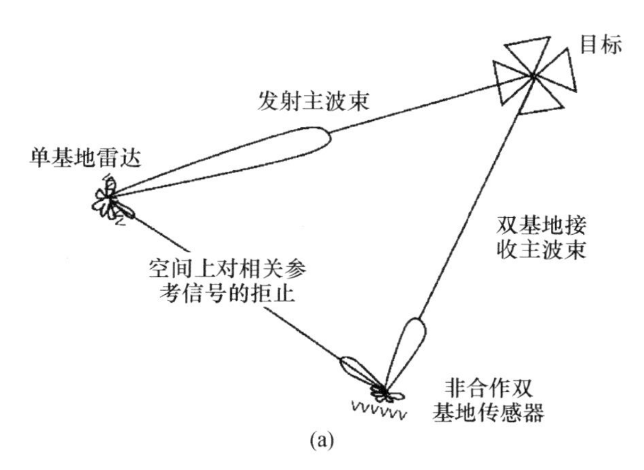

(a)

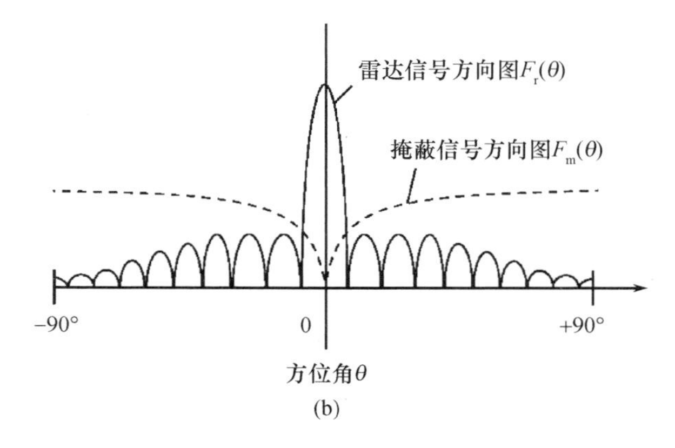

(b)

图 8.2　双基地拒止概念图[15]
(a)掩蔽信号对双基地接收机相干参考的拒止；
(b)掩蔽信号的方向图在雷达主波束上形成零点。

文献[15]研究了一些雷达信号和掩蔽信号的编码和辐射方向图技术,并得出结论:在雷达接收机中充分抑制掩蔽信号的同时,可以实现相干参考信号的掩蔽。

8.5　目标识别和无源探测

乍看之下,无源探测似乎不太适合用于目标识别,因为通常其距离分辨率太低。尽管如此,无源探测的回波确实包含有用的信息,其中很大一部分来自高的多普勒分辨率和无源探测的持续凝视特性,使其具有更快的更新速率并且可以使用传统扫描技术。Pisane 等人已经成功地使用这种方法[16],他们组合使用轨迹类型和 RCS 的幅度将民用飞机分类。

Ehrman、Lanterman[17]和 Olivadese 等[18]及 Garry[19]已经表明,使用众所周知的 ISAR 技术的孔径合成可以实现高方位向分辨率。在这里,目标从与雷达视线大致正交的方向进行遍历,并且在时间上连续采样,从中可以合成方位向维度上的孔径。图 8.2 为使用 UHF 发射—接收机对来对大型民用客机进行成像,在飞机越过接收机时成像以获得尽可能高的空间分辨率。

图 8.3 中的图像代表了早期无源探测图像之一,虽然与线图中所

示的主要散射体有明确的对应关系，但并未显示许多常规高分辨率成像雷达中可观察到的全部细节。

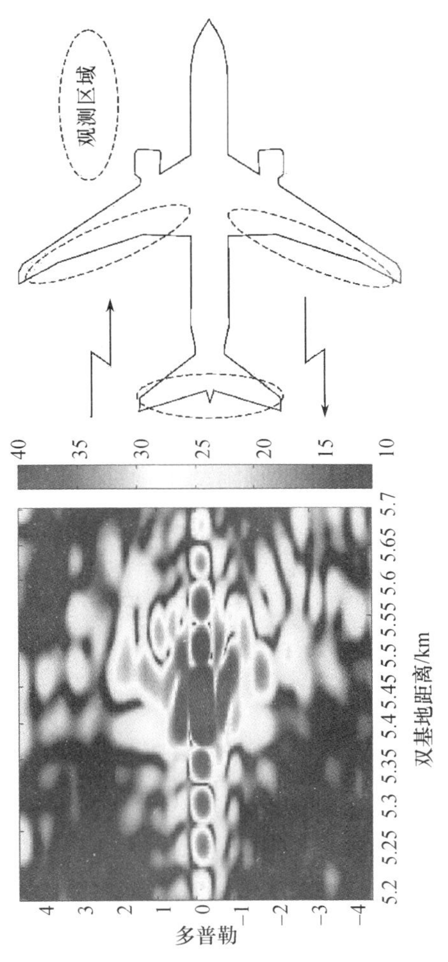

图 8.3　民用客机的无源探测成像图
（示意图显示主要散射体的相对位置）[19]

利用微多普勒可以获得空中目标分类的另一种特征。微多普勒是由目标的局部运动速度不同于本身引起的。其中一个例子就是在第 3 章中看到的螺旋桨叶片的转子部件。另一个例子是直升机的主旋翼和尾旋翼引起的回波。图 8.4 以距离 - 多普勒图的形式显示了这一情况,外加在直升机回波的距离上的一个多普勒轴切面。

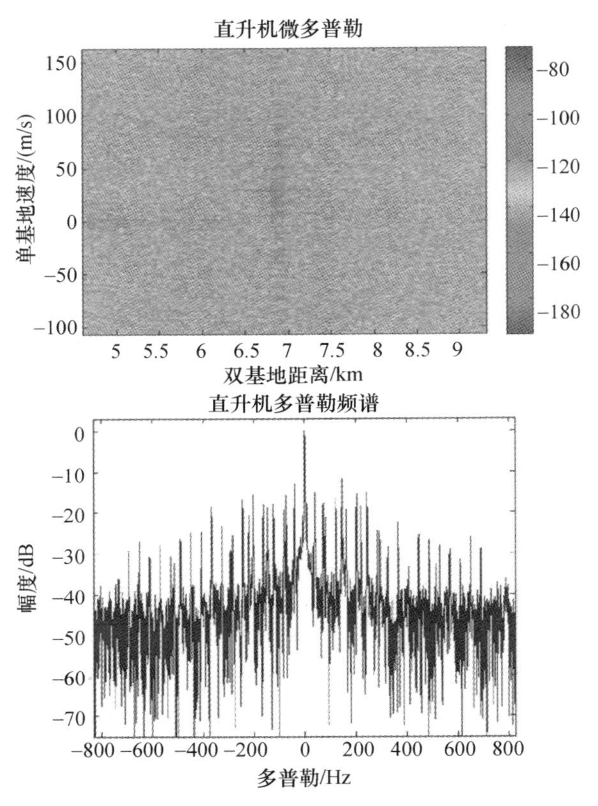

图 8.4　直升机的微多普勒特征的距离 - 多普勒图和相应的多普勒线[19]

图 8.4 中的图像清楚地显示了由转子叶片散射引起的明显的多普勒分量。它们在多普勒频谱中被显示,可以提取多普勒线相对于彼此的位置并且用于对直升机进行分类,也可以计算主叶片和尾桨叶片的频率和叶片的数量(以及相应的旋转速率),甚至允许如表格 8.1 所列计算变速箱传动比。

微多普勒可以被利用的另一种方式是喷气发动机调制(JEM)识别。构成典型喷气发动机的各种涡轮机散射电磁波时有一种非常独特的微多普勒特征,并且可以为目标分类提供详细的信息。图 8.5 为波

表 8.1　图 8.4 显示的直升机的多普勒、叶片数、叶片转速和齿轮传动比数据

		叶片数	转速	齿轮传动比
主叶片	39.6Hz	4	600	1:1
尾桨叶片	73.8Hz	2	2160	3.6:1

音 737 民用客机的例子，其中主体回波和 JEM 线可以通过距离－多普勒图很容易地观察到。最终的谱中将包括由于各种涡轮机的旋转差异以及互调而产生的分量，这些分量基本上包含了详细的分类信息。通过分析产生的频谱，可以对飞机类型做出判断[20]。

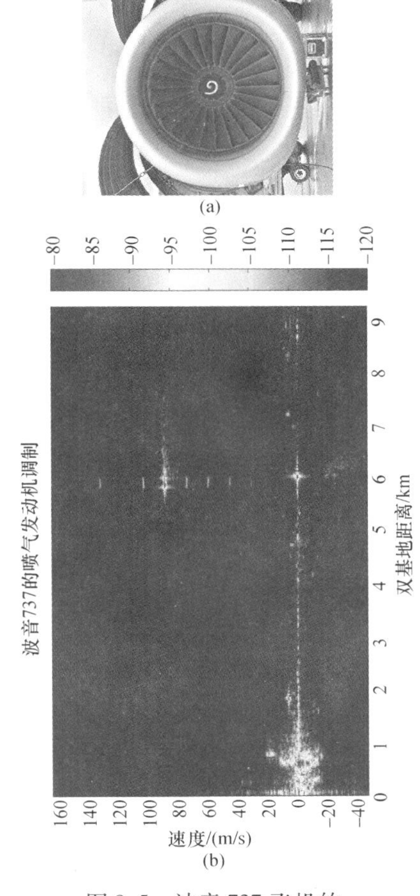

图 8.5　波音 737 飞机的距离－多普勒图（显示了喷气发动机反射后的 JEM 线）[19]

这些例子仅表明无源探测有潜力解决复杂的目标分类问题，但是还有很多研究需要完善。然而，考虑到典型的无源探测系统可能具有多个发射机和接收机，因此可以利用多次观察和多个频率进一步增加可以提取的信息，所以这方面看起来未来很有前景。传统技术通常使用更高的频率和更宽的带宽，无源探测是否能作为传统技术的补充仍有待观察。不过，也可能因频谱拥挤会带给无源探测更宽的连续带宽，使其兼备了高多普勒分辨率和高距离分辨率。

8.6 老人看护和救生

在第7章中介绍的无源探测应用之一是使用WiFi接入点的辐射来提供近程的室内探测和监测。这个想法可以进一步发展以帮助老人生活自理。通过这种方式,远程监测可以提供对于跌倒的探测和定位,这对于居住在家里或宿舍中的老人来说非常重要。基于雷达的技术优于视频监控,因为它们不侵犯隐私并且不依赖于特定的照明条件。这对于监测浴室中的人来说可能特别重要,因为他们在那是滑倒或跌倒的可能性很高[21]。

文献[22-23]描述了这种早期的实验,表明可以将已经跌倒的个体的雷达特征与正常移动的个体区分开来。图8.6为在实验室条件下获得的跌倒事件的测量频谱图[23]。这种传感器系统可以学习个人的行为模式,并可以在异常情况下自动召唤救援。

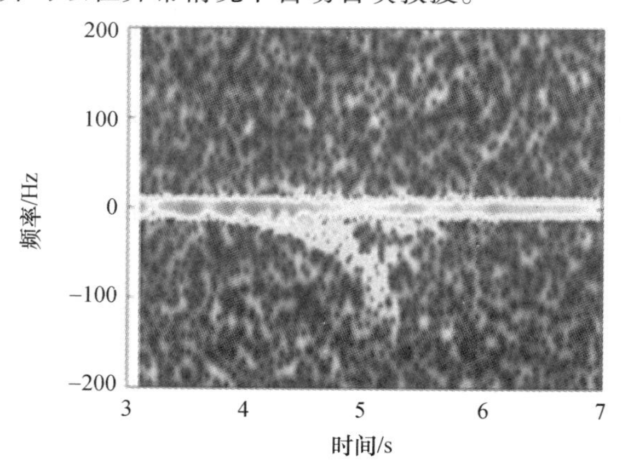

图8.6 在实验室条件下获得的跌倒事件的频谱图[23]

8.7 低成本无源探测

无源探测系统的一个吸引点是接收机硬件既简单又成本低廉,同时可以获得相当可观的性能。

雷达业余爱好者已经展示了一些简单而有效的系统。早在1966年,业余无线电杂志上发表了一篇文章,描述了一些使用位于英格兰南部伦敦西部 Douai Abbey 的接收机和位于法国东北部 Lille 的 VHF 电视发射机来探测飞机的实验[24]。这个几何布局利用了前向散射中目标 RCS 的增强效应,检测直达波信号与多普勒偏移目标回波之间的差拍信号。图8.7为路径剖面,考虑了由于大气折射率随高度下降而导致的地球有效半径变为原有的4/3,并且目标位于发射机和接收机都可见的区域。Sollom 还构建了一个双段八木干涉仪,使得目标运动通过干涉仪栅瓣时,可以根据幅度调制信息来估计目标运动。

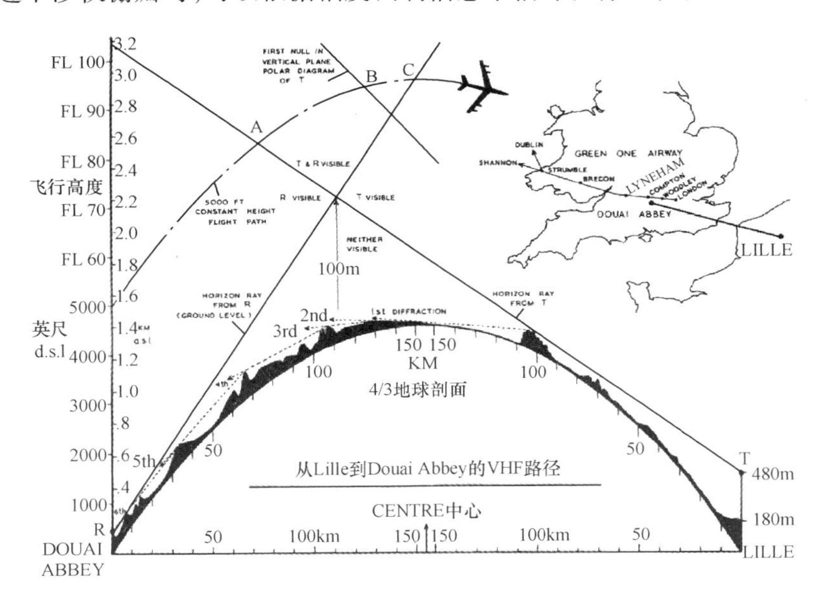

图8.7　法国东北部 Lille 的发射机与伦敦西部 Douai Abbey 的接收机之间的路径剖面[24](版权 RSGB,经许可使用)

文献[25]描述了最近的业余无线电实验,将来自高频(HF)通信接收机的音频输出馈送到个人计算机,在那里它被数字化并通过简单的 FFT 算法处理[25]将结果显示为频谱图,图8.8显示了其中的一个例子。它使用频率约26MHz、距离100km处的 HF 发射机,接收机处于相对靠近目标的位置。频谱图显示了飞机进行各种运动的多普勒轨迹图。正如网站[25]所说:“请在家里试试这个。”这很容易实现。

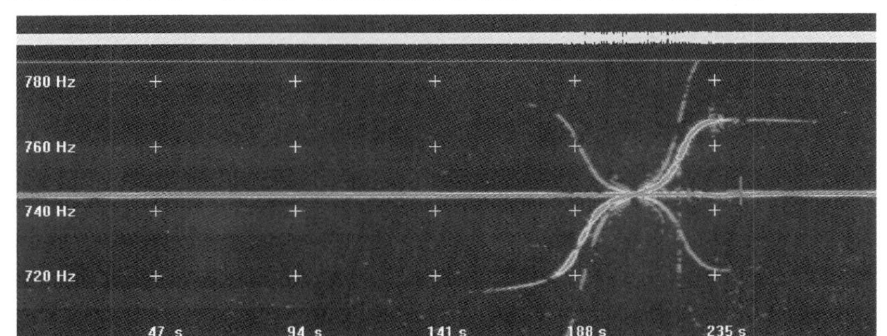

图 8.8 HF 无源探测实验的频谱图显示[25]

注:中间的水平线是直达波信号载频,大约 200s 处的特征是由飞机在圆形轨道上移动的回波造成的。

在研究实验室内,早在 1996 年 Ogrodnik 在描述并展示双基地便携式雷达时就认识到这种方法的吸引力[26]。双基地接收机系统的元器件可以放在一个公文包中或带上飞机。

最近,USB 接收机的可用性意味着无源探测系统可以由一台便携式计算机、一对天线以及软件无线电 USB 设备组装而成。它们现在都可以做到低成本(约 150 美元)和高性能。文献[27-28]描述了这种简单的系统及其所取得的成果,包括使用双通道接收机来获得回波到达角信息。

这些例子显示了使用简单的硬件配合创新可以做的事情。可以预见的是,随着更复杂的、低成本的硬件进一步发展,无源探测的应用范围将继续增大。

8.8 智能自适应雷达网络

我们断言,军事警戒雷达的许多常规的单基地布置方法不灵活、昂贵且易受攻击,将来这些功能将更好地通过智能自适应网络来实现。因此,未来的雷达将是分布式的、智能的、频谱利用率高的和多基地的。这种网络具有自适应性:如果网络节点处于移动平台(如无人机)上,若其中一个节点发生故障,则网络可以重新配置以恢复其性能。

无源探测可以构成这种网络的一部分,一些节点可能是完全无源的(只接收)。如果合适的广播、通信或无线电导航信号可用,则利用它们非常有意义。

实现这样网络的难点在于网络节点之间的通信(特别是如果需要在平台之间传递大带宽的原始数据)、地理定位和同步数据(特别是在GPS 无法使用的环境中),以及网络的整体管理。后一个问题与单基多功能雷达(MFR)的资源管理有一些相似之处,但显然更困难。然而,可能有一些 MFR 资源管理的技术可以应用于这个问题上[29],允许雷达学习并适应其运行[30]。

8.9 总　　结

回忆一下 Gordon Moore[31]在 1965 年发表的深有远见的内容是有趣的,他预测了计算能力每 18 个月翻一番。自论文发表以来到 2016 年,处理能力增加了 1.7×10^{10} 倍。通过这种测量,今天需要 1ms 的计算在 1965 年需要 6.5 个月。Moore 论文的最后的词是“雷达”,表明他知道自己的预测对雷达会产生的深远影响。摩尔定律可以推演到什么程度也许会有物理条件的限制,但可以肯定地预测,处理能力的进一步增加将继续对未来产生重大影响。与此同时,可以预见到低成本软件无线电接收机以及复杂的波形编码和生成技术的进步。

无论是在规则上还是在技术上,整个频谱分配方面都将经历一场革命。现在由常规雷达执行的几项功能将在未来由无源探测实现[32]。本章和第 7 章中提到的所有主题都有望取得进展。在军事方面,对隐身的渴望意味着更多地使用无源探测技术。无源探测也是监测国家陆地和海上边界的一项具有吸引力的技术。

断定无源探测将取代传统的雷达会是错误的。但是我们可以半开玩笑地说:“未来是光明的,未来是无源的!”

参考文献

[1] Griffiths, H. D., et al., "Radar Spectrum Engineering and Management: Technical and Regulatory Approaches," *IEEE Proceedings*, Vol. 103, No. 1, January 2015, pp. 85–102.

[2] McQueen, D., "The Momentum Behind LTE Adoption," *IEEE Communications Magazine*, Vol. 47, No. 2, February 2009, pp. 44–45.

[3] Marcus, M. J., "Spectrum Policy for Radio Spectrum Access," *IEEE Proceedings*, Vol. 100, No. 5, May 2012, pp. 685–691.

[4] Baylis, C., et al., "Designing Transmitters for Spectral Conformity: Power Amplifier Design Issues and Strategies," *IET Radar, Sonar & Navigation*, Vol. 5, No. 6, July 2011, pp. 681–685.

[5] Oswald, G. K. A., "Holographic Radar," *Proceedings of SPIE 7308, Radar Sensor Technology XIII*, Orlando FL, April 2009.

[6] Sturm, C., and W. Wiesbeck, "Waveform Design and Signal Processing Aspects for Fusion of Wireless Communications and Radar Sensing," *IEEE Proceedings*, Vol. 99, No. 7, July 2011, pp. 1236–1259.

[7] Krier, J. R., et al., "Performance Bounds for an OFDM-Based Joint Radar and Communications System," *IEEE MILCOM 2015*, Tampa FL, October 26–28, 2015, pp. 511–516.

[8] Blunt, S. D., P. Yatham, and J. Stiles, "Intrapulse Radar-Embedded Communications," *IEEE Trans. on Aerospace and Electronic Systems*, Vol. 46, No. 3, July 2010, pp. 1185–1200.

[9] Griffiths, H. D., I. Darwazeh, and M. R. Inggs, "Waveform Design for Commensal Radar," *IEEE Int. Conference RADAR 2015*, Arlington VA, May 11–14, 2015, pp. 1456–1460.

[10] Stevens, M., D. Pompairac, and N. Millet, "Multi-Static Primary Surveillance Radar assessment," *SEE Int. Radar Conference RADAR 2014*, Lille, France, October 13–17, 2014.

[11] *Air Scientific Intelligence Interim Report, Heidelberg,* A.D.I. (Science), IIE/79/22, 24 Public Records Office, Kew, London (AIR 40/3036), November 24, 1944.

[12] Griffiths, H. D., "Klein Heidelberg: New Information and Insight," *IEEE Radar Conference 2015*, Johannesburg, October 27–30, 2015.

[13] Griffiths, H. D., "The D-Day Deception Operations TAXABLE and GLIMMER," *IEEE AES Magazine*, Vol. 30, No. 3, March 2015, pp. 12–20.

[14] Schüpbach, C., and U. Böniger, "Jamming of DAB-Based Passive Radar Systems," *EuRAD Conference 2016*, London, October 6–7, 2016.

[15] Griffiths, H. D., et al., "Denial of Bistatic Hosting by Spatial-Temporal Waveform Design," *IEE Proc. Radar, Sonar and Navigation*, Vol. 152, No. 2, April 2005, pp. 81–88.

[16] Pisane, J., et al., "Automatic Target Recognition (ATR) for Passive Radar," *IEEE Trans. on Aerospace and Electronic Systems*, Vol. 50, No. 1, January 2014, pp. 371–392.

[17] Ehrman, L. M., and A. Lanterman, "Automated Target Recognition Using Passive Radar and Coordinated Flight Models," *Proc. SPIE 5094, Automatic Target Recognition XIII*, Vol. 196, September 2003.

[18] Olivadese, D., et al., "Passive ISAR with DVB-T Signals," *IEEE Trans. on Geoscience and Remote Sensing*, Vol. 51, No. 8, August 2013, pp. 4508–4517.

[19] Garry, L., "Multistatic Passive Radar ISAR Imaging," PhD thesis, Ohio State University, Columbus, OH, 2016.

[20] Blacknell, D., and H. D. Griffiths, (eds.), *Radar Automatic Target Recognition and Non-Cooperative Target Recognition*, IET, Stevenage, August 2013.

[21] Ahmad, F., R. Narayanan, and D. Schreurs, "Application of Radar to Remote Patient Monitoring and Eldercare," *IET Radar, Sonar and Navigation*, Vol. 9, No. 2, February 2015, p. 115.

[22] Liang, L., et al., "Automatic Fall Detection Based on Doppler Radar Motion Signature," *5th International Conference on Pervasive Computing Technologies for Healthcare (PervasiveHealth)*, Dublin, May 23–26, 2011, pp. 222–225.

[23] Qisong, W., et al., "Radar-Based Fall Detection Based on Doppler Time-Frequency Signatures for Assisted Living," *IET Radar, Sonar and Navigation*, Vol. 9, No. 2, February 2015, pp. 164–172.

[24] Sollom, P. W., "A Little Flutter on VHF," *RSGB Bulletin*, November 1966, pp. 709–728; December 1966, pp. 794–824, www.rsgb.org.

[25] http://www.qsl.net/g3cwi/doppler.htm, accessed August 11, 2016.

[26] Ogrodnik, R. F., "Bistatic Laptop Radar: An Affordable, Silent Radar Alternative," *IEEE Radar Conference*, Ann Arbor MI, May 13–16, 1996, pp. 369–373.

[27] http://www.rtl-sdr.com/building-a-passive-radar-system-with-an-rtl-sdr/, accessed August 11, 2016.

[28] http://hackaday.com/2015/06/05/building-your-own-sdr-based-passive-radar-on-a-shoestring/, accessed August 11, 2016.

[29] Charlish, A., K. Woodbridge, and H. D. Griffiths, "Phased Array Radar Resource Management Using Continuous Double Auction," *IEEE Trans. on Aerospace and Electronic Systems*, Vol. 51, No. 3, July 2015, pp. 2212–2224.

[30] Haykin, S., "Cognitive Radar: A Way of the Future," *IEEE Signal Processing Magazine*, Vol. 23, No. 1, January 2006, pp. 30–40.

[31] Moore, G. E., "Cramming More Components onto Integrated Circuits," *Electronics*, April 19, 1965, pp. 114–117; reprinted in *IEEE Proceedings*, Vol. 86, No. 1, January 1998, pp. 82–85.

[32] Kuschel, H., and K. E. Olsen, (eds.), Special Issues of *IEEE AES Magazine* on Passive Radars for Civilian Applications, February 2017 and April 2017.